上海市老年教育普及教材

上海市学习型社会建设与终身教育促进委员会办公室

老年人轻松养宠物

科学出版社

北京

上海市老年教育普及教材编写委员会

顾　　问：倪闽景

主　　任：李骏修

副 主 任：李学红　毕　虎

委　　员：熊仿杰　殷　瑛　郁增荣　韩崇虎

　　　　　沈　韬　刘　政　蔡　瑾

本书编写组

主　编：夏　欣

参　编：敖　蕾　林明贞　钟　妙

丛书策划

刘煜海　朱岳桢

前　言

　　"上海市老年教育普及教材"是在上海市学习型社会建设与终身教育促进委员会办公室、上海市老年教育领导小组办公室和上海市教委终身教育处的指导下,由上海市老年教育教材研发中心会同有关老年教育单位和专家共同研发的系列丛书。该系列丛书是一批具有规范性和示范性、体现上海水平的老年普及读本(教材),是一批可供老年学校选用的教学资源,是一批满足老年人不同层次需求的、适合老年人学习的、为老年人服务的快乐学习读本。

　　"上海市老年教育普及教材"的定位主要是面向街(镇)及以下老年学校,适当兼顾市、区老年大学的教学需求,力求普及与提高相结合,以普及为主;通用性与专门化相兼顾,以通用性为主。该系列丛书主要用于改善街(镇)、居村委老年学校缺少适宜教材的实际状况。

　　"上海市老年教育普及教材"在内容和体例上尽量根据老年人学习的特点进行编排,在知识内容融炼的前提下,强调基础、实用、前沿;语言简明扼要、通俗易懂,使老年学员看得懂、学得会、用得上。该系列丛书分为三个大类,做身心健康的老年人、做幸福和谐的老年人、做时尚能干的老年人。每个大类包含若干系列,如"老年人常见病100问系列""健康在身边系列""传统经典与时代文明系列"孙辈亲子系列""老年人心灵手巧系列""老年人玩转信息技术系列"等。

"上海市老年教育普及教材"在表现形式上，充分利用现代信息技术和多媒体教学手段，倡导多元化教与学的方式，在实践和探索过程中逐步形成了"四位一体，三通直学"的资源体系，即"纸质书、电子书、有声读物、学习课件"四种学习资源皆可学习，手机微信公众号"指尖上老年教育"、平板APP"上海老年教育"、电脑微学网站www.shlnjy.cn三条学习通道皆可学习。让我们的老年学习者可以根据自己的实际情况，个性化选择适宜的学习资源和学习方式。

"上海市老年教育普及教材"在"十二五"期间已出版了首批100本，并入选国家新闻出版广电总局、全国老龄工作委员会办公室2016年向全国老年人推荐优秀出版物。在此经验基础上，我们更广泛地吸取各级老年学校、老年学员和广大读者的宝贵意见，力争在"十三五"期间为全市老年学习者带来更丰富、更适宜的学习资源和学习体验。

上海市老年教育普及教材编写委员会

2018年8月

编者的话

　　鱼安静优雅、鸟灵活动人、狗体贴忠心、猫活泼乖巧，养一只宠物可以让饲养者不仅能观察到它们独特的性格、有趣的行为习惯，更能得到精神的慰藉，与宠物成为生活中的贴心伴侣。

　　老年人出于排解寂寞、增加生活情趣、兴趣爱好等目的，喜欢养一些宠物丰富自己的老年生活，获得一些情感寄托。虽然养宠物需要花费较多的时间、金钱、精力，但是养宠物的好处还是挺多的。养宠物可以放松精神，改善情绪，获得价值感和成就感，促进家庭关系和谐，增加社交机会等；但同时也必须要面对可能出现的邻里抱怨，因照顾宠物而分身乏术等问题。因此，在决定饲养宠物之前，需要从环境、时间、经济、周围人的理解等多方面考虑可行性，并用爱心、耐心、恒心来保持对宠物的责任感。

　　本书共介绍了鱼、鸟、狗、猫四大类别中的约50种宠物，基本涵盖了市场上较为常见的品种；且考虑到老年人的生理特点，挑选体型小、较温顺、易于照顾的种类。每章从饲养器具、饲养方法、分类及形态、繁殖、疾病防治等方面，一步步详细介绍作为一名宠物主人所必备的饲养知识。本书所列的宠物种类已有着多年的驯养历史、成熟的饲养技术，并能在人工饲养条件下进行繁殖，对那些列入国际、国内重点保护名录的动物则不涉及。

饲养宠物的人都是爱动物的,爱动物需要树立正确的生态观念。不仅爱家里饲养的宠物,更要爱我们共同生活的地球,爱护地球的生态环境。本书除了介绍饲养知识外,还希望培养老年人科学文明的养宠观,从科学的角度对放生、鸟类保护、流浪猫等社会问题进行阐述。希望宠物主人都能够不购买、不饲养受法律保护的珍稀野生动物,不随意丢弃宠物,为保持自然生态平衡尽一份社会责任。

专家简介

夏欣,上海动物园科教馆馆长,野生动物繁育与保护工程师,上海市科普作家协会会员,从事动物科普教育工作20多年;曾发表动物科普文章50多篇,编写《饲养与栽培》《鸟类彩图百科》《彩图另类宠物饲养》《故事动物园》《野趣上海》等书。

目 录

Mulu

第三章　家庭养鸟

第四章　家庭养狗

第五章　家庭养猫

第一章 宠物饲养与老年人身心健康

 简明学习

随着时代的进步，老年人变得更加独立与自信。他们往往不愿与晚辈住在一起，而愿意享受清闲的退休生活。然而相对于年轻人的生活，老年人的生活要空虚和单调很多，加上每况愈下的身体状况，很容易使老人产生孤独、寂寞、恐惧感，长久下去，会严重影响老人的身心健康，这时饲养一只温顺的宠物无疑将给老年生活增添不少乐趣与温暖。

近年来，越来越多的老年人开始养宠物，更有许多空巢老人为了填补子女不在身边的情感空白，通常通过养宠物来丰富情感和生活。为了研究宠物与空巢老人身心健康之间的关系，北京师范大学心理学院在2002年至2003年间，随机选取了北京市719个"空巢家庭"进行研究。根据研究结果，饲养宠物的空巢老人无论在身体还是心理方面都更加健康，宠物对人的身心健康有直接或条件性影响。

美国兽医学和生物学专家也通过研究发现，宠物和其年迈的主人之间相互影响、相互依赖的关系有利于老年人的生理和心理健康。拥有宠物的老人生活更愉快，寿命更长。

饲养宠物有益于老年人身心健康

➤ 为老年人创造更多社交机会

暮年的生活会出现许多变化,其中一个核心问题是如何继续维持与社会的交往。社交活动可减轻孤独感,增加生活情趣。老年人在饲养和照料宠物的时候,会逐步增进与人的交流,与他人的共同话题越来越多。特别是随着年龄的变化,老年人容易变得比较古板、不愿意与人交往时,由于一个活泼可爱的小动物的出现,则会增加与老伴、邻里、朋友之间的互动,也使人逐渐变得开朗和健康。人和宠物之间(特别是狗、猫)的互相信任关系也会使人感到亲情的慰藉,建立亲切的交流,可较好地满足老年人的社交需求。

资料显示,98%的宠物主人会经常和宠物说话;80%的宠物主人把宠物当作人来对待;28%的人信任宠物,并且与其诉说当天发生的事情。宠物主人与宠物彼此之间建立起友谊和信任,这对改善老年人的心理状况有很好的效果。

➤ 提高老年人生活质量

宠物为老年人的日常生活增添了一个关注的焦点,使他们去关心宠物的种种需求,为宠物提供饮食,有的还要每天带着去散步。这些照顾宠物而产生的少量运动对老人的身体健康有利。

宠物可帮助慢性疾病和残疾人康复,也可协助养老院的服务。在国外,已在老人中心开展伴侣动物协助治疗的项目,最经常选用的是小型动物,尤其是狗。人类正是在这种对小动物的关爱中使自己的身心变得更健康。

在美国,有100多家医院用宠物对多种疾病的患者进行辅助性治疗,效果显著,可使老年心脏病患者的存活率提高3%。此外,科学实验也证明,抚摸宠物可降低人的血压。许多患者与一只小狗或小猫相处几个月后,原先的顽固性病症,如偏头痛、腰背疼痛等也会缓解。

宠物在人们的日常生活中增加了一份永恒的关爱,一份难以表白的支持。老年人与宠物的关系表现为相互支持和关怀,双方都成为对方倾注爱的对象,并且都获得对方毫无保留的回报。在生活的压力变得不堪承受时,这种关爱就成了鼓励的源泉。在老人的生活环境出现重大变故时,宠物就成为他们生命的助动力。

 ## 养宠物应有的心态

不少老人喜欢养宠物不仅仅因为它们可爱,更是把它们当成自己的儿女,在心理上有个依靠。但需要注意的是,饲养宠物应保持合理、正确的态度。如果宠物主人过度地依恋宠物,甚至干扰了个人和家庭的正常生活,就要警惕是否患上了"宠物依赖症"。专家提醒老年人:宠物的寿命相对短暂,一旦失去了这个心理寄托,可能会引发更严重的创伤体验和心理问题。饲养宠物时,不要因过于依恋宠物,进而减少甚至放弃和其他人交流的机会。因此,对于过度依赖宠物的老年人,家属应尽早发现问题并带他们进行专业的心理咨询和治疗,帮助老人安度晚年。

 ## 家庭宠物的合理选择

老年人的体力不够充沛,一般应选择小型、温顺、易于照顾的宠物。本书所介绍的鸟、鱼、猫、狗都是比较合适的选择。

初养鸟者应选一些常见的、易饲养的鸟类,如虎皮鹦鹉、白腰文鸟、珍珠鸟、芙蓉鸟、鸡尾鹦鹉等,它们有的羽色艳丽多样,有的姿态优美,有的鸣声婉转动听。总体来说,吃谷类的鸣禽比较容易饲养,管理也较方便。

目前家庭普遍饲养的观赏鱼类主要有金鱼、鲤鱼(包括锦鲤)和产在温带、热带淡水中的"热带鱼"。海水鱼虽也开始从水族馆普及到家庭,但饲养成本较高,饲养难度也大,并不推荐饲养。

小猫温文尔雅,小狗忠诚可靠,也都是适合老年人饲养的宠物。猫类中可选择安静、温柔的品种,如波斯猫、英国短毛猫、俄罗斯蓝猫等。适合老年人饲养的犬类品种有博美、吉娃娃、贵宾犬、西施、比熊等,若想饲养中型犬,要选择性情温顺、不擅跑动的品种,如柴犬、雪纳瑞等。

在选择饲养猫、狗之前,还要看看自己或身边的人是否对这类宠物过敏。对毛发过敏或患有哮喘等疾病的患者,最好不要与宠物一起生活。

老年人在选择宠物时,还要切记不可饲养野生及非法渠道而获得的动物,饲养后不可随意抛弃,做一名负责任的宠物主人,同时还要注意保持环境卫生和安全等,既让自己度过快乐的晚年,也不影响他人的日常生活。

 互动学习

1.选择题:

(1)城市家庭中比较容易饲养的鸟类是(　　　)。

    A.吃谷物的鸣禽　　　　　　B.鸭子

    C.雉鸡类　　　　　　　　　D.鹰

(2)以下不建议老年人饲养的犬种是(　　　)。

    A.吉娃娃　　　　　　　　　B.博美

    C.哈士奇　　　　　　　　　D.贵宾犬

（3）饲养宠物可改善的疾病中不包括以下哪一种（　　）。

　　A. 心脏病　　　　　　　　B. 高血压

　　C. 腰背疼痛　　　　　　　D. 哮喘

2. 判断题：

（1）只要是宠物，都适合老年人饲养。　　　　　　（　　）

（2）对毛发过敏或患有哮喘等疾病的患者不适合养宠物。

　　　　　　　　　　　　　　　　　　　　　　　（　　）

（3）养宠物要切记注意保持环境卫生和安全，不影响他人的日常生活。　　　　　　　　　　　　　　　　　　　（　　）

（4）有助于慢性疾病患者和残疾人康复的宠物是大型犬。（　　）

（5）饲养宠物对改善老年人的心理状况有很好的效果。（　　）

参考答案

1. 选择题：（1）A；（2）C；（3）D。

2. 判断题：（1）×；（2）√；（3）√；（4）×；（5）√。

第二章 家庭养鱼

简明学习

鱼在水中游来游去,行动缓慢,象征着一种怡然自得的生活态度,很适合老年人饲养。

有人在庭园砌一水池饲养锦鲤,红白黄黑,好不热闹;有人用玻璃缸养上几尾金鱼,金鱼展裙点首,似朵朵"火花",赏心悦目;有人在室内案头置一小缸,养上少许小热带鱼,给案头工作带来乐趣。家庭养鱼占地小,照顾方便,投入成本较低,不仅能静心养眼、陶冶情操,也能点缀居室、美化环境,为生活带来活力及生机。

观赏鱼饲养器具

"工欲善其事,必先利其器"。在决定饲养观赏鱼之后,先要准备好必备的饲养器具。饲养观赏鱼必需的专用器具不算太多,热带鱼较金鱼、锦鲤要求更高一些,市场上都有销售,也可以自己制作。一般有以下几种。

1. 网具

捞鱼网:一般用金属丝做框架,根据网的大小和用途可制作成长柄、短柄、粗网眼和细网眼等多种规格。捞鱼网多选用轻巧柔滑的尼龙丝或布制作,网眼、布眼大小以捞鱼既方便又不伤鱼体为标准。

2. 吸水管

吸水管一般选用长玻璃管,套长塑料管或橡皮管,直径为1～3厘米,利用虹吸原理吸去水中污物。建在泥地中的水池可用真空吸污机。

3. 温度表

温度表是用来测水温的,有沉型、浮型等多种。

4. 加温器

对鱼类一般用电力保温,多采用加热棒。使用加热棒时,除了电源以外,其他部分不要露出水面;换水时注意不要使水位过低而露出加热棒,可切断加热棒电源待其冷却后再换水,否则温度过高容易烫伤人和烧坏加热棒。

5. 恒温器

恒温器连接加温器,能自动控制加温器断路,可根据需要调节温度。

6. 气泵

气泵供打气用,有多种规格。泵头又叫气石,气流通过它变成细小气泡,使空气中的氧更多地溶于水中。泵头也有多种型号,可根据鱼缸大小选择。

7. pH试纸或酸碱度测量器

pH试纸或酸碱度测量器是用来测定水中酸碱度的,及时纠偏。

8. 照明

一般采用白炽灯和荧光灯照明,根据鱼缸大小和需要选用8～40 W。

9. 过滤装置

过滤装置装在水族箱一角,配有水泵,从水底将水抽出后经活性炭等过滤后再回到水箱中。

10. 水族箱

饲养热带鱼多用玻璃水族箱。玻璃水族箱的形式众多,用的材料也各不相同。目前市场上有成套的水族箱出售,配置设备齐全,款式多样,基本能满足饲养所需。

保养水族箱需了解以下基本的知识:首先,水族箱要避免阳光的长期直射,放在通风和不潮湿的地方。光照是养鱼的必备条件,长期的阴暗会使水草不能进行光合作用而枯萎,关系到整个生态平衡。每天要为水生生物提供8～10小时的光照,不能过强也不能过弱。其次,检查水位高度,及时补充被蒸发掉的水,保持原来的水位;检查配置设备运作是否正常;检查水温,保持鱼所要求的适宜温度;检查鱼的健康状况,主要是看鱼有没有患病症状。此外,每1～2周换水1次,只换20%～25%的水;清理过滤装置收集的废物,更换过滤器生态棉。

家用水族箱

观赏鱼饲养及管理

➤ 如何养水

水是鱼的基本生活环境,养鱼首先要养水。自然界有各种水源,水质各不相同,如水的温度、水中的溶氧量、水中的矿物质含量、水中的微生物和酸碱度等。一般养鱼的水主要有井水、自来水、江水、湖水、溪水、泉水等,根据不同的水源,分别进行不同的蓄养处理。

井水是常用的观赏鱼饲养水,市场上可以买到,价格便宜。井水有浅井水和深井水之分,浅井水是地表、土壤地层的水;深井水是地层下的水,有的深几百米。井水冬暖夏凉,水中矿物质丰富,适宜饲养鱼类,但井水中的含氧量低,矿物质多,浮游生物少,必须把抽上来的井水蓄养在宽大的水池中,经太阳暴晒,使水中的浮游生物生长,溶氧增加,然后把水温调节到所需温度,才可以养鱼。一般蓄养期为2～3天。

自来水是城市中养鱼的主要水源,水中的氯含量较高,氧的溶量极少,浮游生物在处理过程中也基本被杀死。所以自来水一般不能直接养鱼,必须经过蓄养。在宽大的水池中经太阳暴晒3～7天,冬季需7天以上,使水中的氯挥发掉,浮游生物生长,溶氧增加方可养鱼。

江、湖中的浅表水是天然水源,水中浮游生物丰富,含氧量高,只要未被污染,可直接用来饲养鱼。但为了安全起见,可以通过过滤,防止病原菌、寄生虫及虫卵混入。

泉水、溪水一般也可直接用来饲养鱼,水质比较干净,微生物也少,矿物质较多,如经蓄养后再用则更好。

养鱼的行家把养鱼的水分为硬水、软水两大类。硬水就是指自来水、深井水等,这类水中溶氧少,缺乏浮游生物,而矿物质含量较高,矿物质的量越多，水的硬度越高。硬度在10以上称硬水，或钙盐类在水中含量超过65毫克/升时为硬水。软水是指江、湖浅表水，或经人工蓄养后的饲养水，这类水用眼睛可观察到稠、软、清，水色微绿，犹如一江春水。水的软硬度对鱼的成长影响不大，但对色泽和繁殖有密切的影响。市面有各种各样的硬度调配剂（如软水树脂，使水软化），可根据不同种鱼类的生理需要进行调配。

热带鱼用水除了前面所讲要求养好的"清水"外，对水质要求比较高的鱼一般需要再过滤一次。过滤一般有以下两种方法。

（1）沙滤水：是把养好的"清水"通过活性炭或树脂离子渗透过滤，这种水质更为透明，大多数热带鱼都可以使用。少数的珍稀热带鱼对水质要求更高，如七彩神仙鱼等，可以把"清水"过滤2～3次，获得更清洁透明的水。

（2）蒸馏水：蒸馏水过去都是由蒸汽冷却获得，养热带鱼用的蒸馏水还可以通过电渗析和电解法获得，原理是通过电极将水中杂质吸附掉。通过这个方法使水中的钙、镁等金属离子被吸附，使水质更软，称为高纯度水质，然后再充氧，主要用于需软水的热带鱼繁殖时用。这种水可以根据需要，加入原饲养水中。

➢ 水色和换水

水在饲养鱼类以后，水质会发生变化。通常经过蓄养的水，无味、无色、透明清亮，水中浮游生物丰富，溶氧充足，称作清水。清水有益于鱼类的新陈代谢，生活在清水中的鱼食欲旺盛，生长迅速。但清水对鱼皮肤黏液的刺激较大，容易使鱼体色素减退，变得暗淡，所以饲养鱼应尽可能使用绿水。绿水是指水中藻类、浮游生物丰富的一种清水，用这种水养鱼，藻和浮游生物可供鱼食，水质可使鱼皮肤滋润，鳞色鲜艳、富有光泽。除了夏天高温季节，其他时候一般应尽量多使用绿水，特别对于金鱼和锦鲤等鱼的饲养。绿水不断发展成为深绿水，又称老绿水，此时就应换清水了。因为老绿水影响人们对鱼的观赏，加上藻类过多,大量藻尸腐败,在晚上过多消耗氧气,对鱼的健康反而不利。但在冬季可以使用老绿水,具有保暖作用,可以用作金鱼、锦鲤的越冬用水。

一般在室内饲养观赏鱼,由于光照较弱,出现老绿水的机会较少,换水时可每天抽去一些底层污水,添一点蓄养好的清水,一般不采取全缸换水,也能把水保持在清而嫩绿的水平。

由于人工饲养的鱼生活环境较小,鱼体粪尿、水生生物繁殖及食饵的腐败,容易使水酸化或碱化,也会使水很快缺氧,故必须进行换水。换水时必须注意温差。对于需保温的观赏鱼,换水温差不可超过1℃。对养在室外的观赏鱼冬季可以升温1～2℃,夏季可以降温1～2℃。处于繁殖和生长期的鱼,经常换水可以刺激其发情和排卵,常换新水,幼鱼也生长较快。因此,应根据实际情况来调整换水的频次。

> 氧气

鱼类需要氧气,氧气通过两个途径溶于水中:一是空气中的氧与水的表面接触时,溶于水中,一般在静止的情况下,这种溶解很缓慢,而且只在水的表层;二是通过水中的植物,如藻类、水草在光合作用时产生氧气,并溶于水中,后者是水溶氧的重要来源。

江水、湖水等天然水中的溶氧量较高,可达8～12毫克/升,但在人工饲养条件下,光照受到一定的限制,饲养密度又相对高,所以需要装置气泵以充气增加溶氧量。特别是在温度较高时,鱼的新陈代谢加快,需氧量增加,而溶于水中的氧却越来越少,故在水温20℃以上时,对水充氧显得十分重要。一般水中的溶氧量低至0.5～2毫克/升时,金鱼就会浮到水面,俗称"浮头""叫水",时间一长就会死亡。而热带鱼类中有的娇贵品种,水中溶氧量低于3毫克/升就会浮到水面,时间长了就会死亡。在养鱼过程中,如发生此类紧急情况,使用井水的,可以加入热开水调温,并充气增氧;使用自来水的,可在每立方米自来水中加入3克大苏打,并充气增氧;使用蒸馏水的,可调整温度后充氧。

> ## 水温

鱼类没有恒定的体温,随水温的变化而变化。各种鱼的适应温度也不相同,金鱼可以在1～39℃水温中生存,但超过这两个极点,会很快死亡;而有的热带鱼种温度低于15℃就会死亡,有的鱼种可以忍受52℃的高温,但这些是极少数的。一般控制温度的原则是:略低于适宜鱼类繁殖的温度。例如,某种热带鱼在水温25～30℃时,都能很好地繁殖,那就把水温控制在25～26℃,无须把水温调到30℃,这样一方面可以节约能源和支出,另一方面对鱼体也没有坏处,有时高温反而加快鱼的新陈代谢,缩短寿命。另外,鱼的呼吸和水温成正比,每升高10℃水温,鱼的呼吸就要增加两倍,容易引起水中缺氧。

一般每种鱼都有最适宜其生活的水温,如金鱼是18～24℃,霓虹灯鱼是24～28℃。水温应控制在它们的最适宜范围内。控制温度时绝对不能大起大落,水温升高4℃或降低4℃时都要慢慢进行,在4～8小时完成,否则鱼很容易患病。每种鱼都有它的水温忍受极点,但不是说可以用极点的温度来养鱼,如金鱼在水温低于10℃或高于32℃时就表现出很少吃食,处于半休眠状态。如果一直保持10℃以下或32℃以上的水温,金鱼虽不会死亡,但也是养不好的,更不用说繁殖了。

热带鱼对温度的适应范围为13～38℃。温度突然发生变化,温差超过10℃,热带鱼就很难适应。一般来说,水温在20℃以下时,鱼儿的动作就不太活泼;水温在34℃以上时,鱼儿的动作极为快速,神态极为不安;水温在13℃以下或38℃以上时,鱼儿就可能死亡。但也有些特殊的品种例外,像东南亚的天堂鱼和广东的白云金丝鱼等,它们的适应性很强,即使在很低的温度下也能生存。

刚买来的鱼应把运输袋浸没在准备养鱼的池或箱中,使袋内水温和水池、水族箱等容器中的水温逐渐达到一致,再把鱼连运输袋中的水一起慢慢倒入容器中。

> 光照

光照是鱼类生存的重要条件,一般和温度有密切的关系,光照越强,温度越高。水中的绿色植物有光才能进行光合作用,制造食物,而鱼类则直接或间接以植物为生。光照能刺激脑下垂体产生各种激素,对鱼类的繁殖、生长、发育、行为等有直接影响。光谱中可见光的不同部分及紫外线、红外线对鱼具有不同作用。鱼的昼夜节律、活动和休眠直接受光照和温度的影响,长期缺少光照的鱼(适应海底生活或夜行鱼类除外)会精神萎靡,感觉迟钝,食欲不振,内分泌紊乱,色泽暗淡,生长缓慢甚至停止生长;过强的光照刺激对鱼类也不利。此外,光照对水质转化和水草生长都有重要意义。

一般在室内缺乏光照的水族箱上可用灯光补充,如安装紫外灯每日照射数小时,既可以补充日光的不足,也可以起到杀菌的作用。在光照较好的水池、水族箱中,藻类生长旺盛,池壁、箱壁上容易长青苔。一般水池中青苔并不影响光照,而水族箱壁长了青苔就会影响光照,也影响观赏视线,故应每天进行清洁,可以用柔软纱布或专用刷具把黏附在水族箱壁上的青苔擦去,并把水面浮尘捞去,使水族箱保持清洁。

> 饲喂

定时定量饲喂是养好观赏鱼的一个基本原则,会使观赏鱼生活有规律,同时不易得病。如果饲养者需获得较大的种鱼,就要采用超量饲喂的方法。

定时定量饲喂一般要求每天喂食两次,第一次在清晨,第二次在14点左右。每次喂食的量限制在投放饲料后,鱼在1～2小时内吃完,如果吃不完就说明量多了,下次喂食时要减量。这个方法的优点是能使水保持清洁,不会因为剩余的饲料变质而使水质变差,也基本满足了鱼类生存的需要。但对繁殖前期的鱼和幼鱼则应增加饲喂次数,如果增喂一次,宜在上午10点左右;如果增喂两次,一次宜在上午10点左右,另一次宜在傍晚。

刚经过长途运输的鱼不要急于马上喂食,可等1～2天待其排便后,再少量投喂饲料,逐日增加到正常食量。

1. 饲料的选择

（1）清洁卫生,不能携带任何病原虫、寄生虫、病毒、杂菌、毒素,长期食用能保证鱼儿安全、健康,防止病从口入。

（2）形状、大小要适宜,投入水中在一天之内,能保持原有的形状及营养成分不被破坏、不流失,不腐败变质,不污染水质。

（3）配方科学合理、营养丰富均衡,易消化吸收,能满足鱼儿生长发育对各种营养素的需求。

（4）嗜口性好,香软适口,各种鱼儿都爱吃。

（5）使用时应省心省力,最好买来后不需再经过任何加工,就可喂鱼。能长期保存,不腐不坏。

2. 饲料的种类

（1）鲜活饵料:包括红虫、血虫、轮虫、草履虫、面包虫、小河虾、蚕蛹等。鲜活饵料营养价值很高,也比较符合鱼类自然摄食的生活方式,嗜口性好,各种观赏鱼都非常爱吃;但其不易长时间保存,并且容易夹带寄生虫和细菌,喂食时必须特别注意。

（2）人工饵料:包括冷冻饵料和干燥饵料,也就是把鲜活饵料处理过再冷冻或干燥保存,相对更安全和容易保存。

（3）合成饵料:富含多种营养成分,经济又省力,也不带有寄生虫,易于控制投饲量,是目前较为推荐的饵料。合成饵料有颗粒型、薄片型,甚至还有为某种特定的鱼种特别设计口味、营养的饵料。

金鱼常见品种及饲养

➤ **金鱼的常见品种**

金鱼是由野生鲫鱼人工培育而来的。在人工培育的过程中，很长一段时间内，金鱼的体色为全红色，直到1214年时才出现体色有花斑和白色的变异种，但体形仍如野生鲫鱼。后来，金鱼开始进入盆养时代，活动范围缩小，饲料充足，鱼体逐渐变得短圆。原来主要作划水运动的坚挺的单尾鳍和胸鳍退化并发展成宽大、柔软的四开双尾，其功能则变为在静水中平衡身体。到了明朝末年，金鱼盆养已相当普遍，李时珍在《本草纲目》中载有"金鱼有鲤、鲫、鳅、鳖数种，鳅、鳖尤难得，独金鲫耐久……今则处处人家养玩矣。"在人工选择和长期的定向培育中，金鱼变异出双尾、五花、双鳍、长鳍、凸眼、短身等品种。

家养金鱼

1848～1925年间,人工培育出许多金鱼的优良品种,有关金鱼杂交遗传及饲养方法的著作大量涌现,也加速了金鱼变异种的产生。当时金鱼的名贵品种有狮头、墨龙睛、望天眼、翻鳃、绒球、水泡眼、鹅头、珍珠鳞等。到了现代,比较稳定的品种达300余种;偶然出现的、遗传性状不稳定的有千余种。

根据金鱼各部位的变异特征,可确定其品系和分类。金鱼按体形可分为四大品系:草种、文种、龙种和蛋种。

1. 草种金鱼

草种金鱼是金鱼中最古老的一类,也称作金鲫鱼或红鲫鱼。其体形还保留着原始的鲫鱼体形,呈纺锤形;尾鳍不分叉;有背鳍;胸鳍呈三角形,长而尖。草种金鱼体质强壮,适应性强,食性广,无娇贵之感,在水面广、饵料充足的条件下生长迅速,二龄鱼体重可超过500克,体色有白色和花色,适宜在水池中饲养。草种金鱼尾鳍有长尾和短尾之分,长尾者称长尾草金鱼或燕尾草金鱼;短尾者一般就称草金鱼。

燕尾草金鱼:又称长尾草金鱼,原产于中国,在1200年前后形成,遗传性能稳定。其体形和鲫鱼相似,呈纺锤形,体短、侧扁,尾鳍长,几乎超过身体的长度。其尾鳍分叉,酷似燕子尾形,因此得名,是金鱼的返祖变异类型。燕尾草金鱼有红、黄、蓝、黑(墨)、紫、青、白及双色甚至七彩等多种颜色。

红白花草种金鱼　　　　　　　　　双色燕尾金鱼

2. 文种金鱼

文种金鱼身体短圆,尾鳍分叉成四开,背部视如"文"字,明朝张谦德所著《朱砂鱼谱》中就有记载,是古老的品种,直接从草金鱼演变而来,1772～1788年经我国台湾地区传入日本,日本人称它为"琉金"。文种金鱼色彩丰富,有红色、白色、蓝色、双色、五花等,观赏时给人清秀、明快、舒展的感觉。文种金鱼分六型:头顶光滑为文鱼型;头顶长有肉瘤为高头型;头顶肉瘤发达、包向两颊,眼陷于肉内为虎头型;鼻膜发达形成双绒球为绒球型;鳃盖翻转生长为翻转型;眼球外带有半透明的泡为水泡眼型。

红白花琉金金鱼

红皇冠珍珠金鱼

红白花文鱼:由红文鱼的色素细胞在增减过程中蜕变而来,体呈红白两色,头部尖短,尾长似裙;背脊高,体侧宽,呈三角形。幼鱼期选择红、白色泽匀称者,饲养时要减小密度,进行催肥。以先增后减的方式逐渐实验出鱼的食量,每天慢慢加量,看鱼便多而且有些发白就开始每天递减一点,直到鱼便全都正常黑色,以后每天就照着这个食量喂,一天可喂多次来达到增肥效果。

3. 龙种金鱼

龙种金鱼外形与文种金鱼相似,区别在于龙种金鱼的眼球是凸

五彩蝶尾龙睛

红龙睛

出于眼眶外的。龙种金鱼有50多个品种，名贵品种有凤尾龙睛、黑龙睛、喜鹊龙睛、玛瑙眼、葡萄眼、灯泡眼等。龙种金鱼分七型：头顶光滑为龙睛型；头顶长有肉瘤为虎头龙睛型；鼻膜发达形成双绒球为龙球型；鳃盖翻转生长为龙睛翻鳃型；眼球微凸，头呈三角形为扯旗蛤蟆头型；眼球向上生长为扯旗朝天龙型；眼球角膜突出为灯泡眼型。

龙睛：身体短圆，背弓状，眼球膨大，凸出于眼眶外如神话传说中的龙眼，约1592年培育定型。龙睛眼球突出的形状有算盘子状、苹果状、牛角状等多种。其中，算盘子状眼球的品种圆润温和，广泛受人喜爱。龙睛的背鳍一直延伸到尾柄上部，尾柄短粗，尾鳍四开平展下垂如裙，尾鳍长度为体长一半以上。龙睛的眼变异遗传性能稳定，能和许多品种杂交后仍获得优势，故能和许多品种杂交成为新品种。龙睛品系中的十二红龙睛，因两片胸鳍、两片腹鳍、四片尾鳍、两个眼球、背鳍和吻都为红色而得名，定型已有400余年历史，因数量稀少而特别珍贵。

4. 蛋种金鱼

蛋种金鱼无背鳍，体腹短圆，形似鸭蛋而得名。明确记载蛋种金鱼的较早时间是清朝雍正年间，蒋廷锡等（1726年）在《古今图书集成·禽虫典》中绘有一金鱼图，图中有两条无背鳍的金鱼，即为蛋种金鱼。体色有红色、白色、蓝色、紫色、黑色、花斑及五花等。蛋种金鱼分七型：尾短为蛋鱼型；尾长为丹凤型；头部肉瘤仅长于头顶为鹅头

红蛋球

水泡眼蛋种金鱼

型；头部肉瘤发达、包向两颊，眼陷于肉内为狮头型；鼻膜发达形成双绒球为蛋球型；鳃盖翻转生长为翻鳃型；眼球外带半透明泡为水泡眼型。高品质的蛋种金鱼背部圆滑，呈弧形，最高点在背脊的中央。蛋种金鱼的幼鱼应养在小容器中，水以软性澄清水为宜，进行催肥饲养，以使其体型短圆，球花紧而不散。

红蛋球：又名绣球，是蛋种金鱼的一种。其鼻膜发展成肉质球状，无背鳍，背光滑，微弓，全身红艳，体短圆呈蛋状。幼鱼约在120日龄时变色。现该品种正品率较少，为珍贵品种。

> ### 金鱼的饲养

春季，气候转暖，金鱼从冬季半休眠中复苏，代谢增加。鱼缸每天下午3点左右要进行一次清洁工作，可用纱布网捞去水面浮尘和沉入底部的粪便污物，或用皮管慢慢抽去，再补上等量新水。

春末和夏季气候炎热，特别是长江中下游地区，农历立夏后有一段梅雨季节，俗称"黄梅天"。此时雨水多、气压低，天气也十分热，金鱼的饲养管理要特别小心。夏季水中有较多藻类尸体和粪便污物，每天要进行两次清洁工作，一次在早晨，一次在下午无直射太阳光后再进行，用网轻轻捞去水中漂浮起的藻类，再抽去缸底污物，补上新水。

夏季水温过高、光照过强，使"绿水"中藻类产生大量氧气，会导致鱼的尾鳍等鳍内产生气泡,并使鱼体因气泡浮力倒悬在水面,俗称"焦尾",发现后应及时把鱼换入新水中饲养,一般第二天就会痊愈,如不及时采取措施,尾鳍会糜烂,所以即使在室内,会受到阳光直射的水族箱也要采取遮阴措施。

秋季天气逐渐凉爽,是金鱼生长的黄金季节,在这段时间里可以多喂饲料,让金鱼多吃,使金鱼长膘壮体,准备越冬。秋季的清洁管理和春天一样,每天下午进行一次,但要控制换水次数,特别是当年生的鱼,频繁换水容易使鱼体长得过长,变得难看、暗淡,老鱼多换水也易患病。所以平均气温在18℃左右时一般10～15天换水一次。

冬季当气温降到10℃以下,金鱼进入半休眠阶段,这时每天喂少量活鱼虫即可,也可喂少量米、面等。清洁工作也可以3～5天或10～20天进行一次。当水温低于5℃时金鱼就很少吃食了。

当气温骤降时,要做好防寒保暖工作,对种鱼可以进行并缸,增加饲养密度。一般使水温保持在5℃以上;北方结冰的地区,应转入室内或地窖中保暖。冬季饲养水要用"绿水"和"老绿水",尽量少换水。如水质较差需要换水就直接注入新水,或换"清绿水"(即蓄养时间很长的水),换水时注意水温应高出原来的水温1℃左右,而不能低于原来水温。

遇上冬雨或冬雪,尽可能避免雨、雪水入池。冬季饲养要使鱼保持安静和健康,以免落膘。夏、冬季节饲料要少喂。

➢ 金鱼的繁殖

金鱼的繁殖一般一年一次。春天,随着水温上升,金鱼进入繁殖期,南方一般从3月起,北方可延迟到4月份。这时应换新水刺激鱼体,促进它的新陈代谢,并投喂充足的活鱼虫,促进金鱼性腺成熟。同时做好金鱼繁殖前的准备工作,清洗产卵池、孵卵池,蓄养好清水,采集金鱼产卵用的水草等。

金鱼产卵一般在清晨和傍晚进行。鱼对外界的气候很敏感,如水温太低或太高，天气太热，气压太低，鱼都会有感觉，当太阳高升光照很强或日落黑暗时都会停止产卵排精。在我国长江中下游地区，大多数金鱼的产卵是从清明前后开始的，清明过后的半个月是高潮，直至5月中旬进入低潮，到7月初基本结束。雌鱼产卵后，可把集卵的水草取出，移入孵化缸中进行饲养。

金鱼受精卵的孵化速度主要取决于水温和水中溶氧量，所以孵化用水要新鲜，适宜的孵化温度为 $16 \sim 22\text{℃}$。

 ## 锦鲤的常见品种及饲养

➢ 锦鲤的常见品种

中国的观赏鲤传入日本后，日本人在长期的饲养过程中对鲤鱼进行选择、杂交、培育，约在18世纪初，培育出不少观赏鲤的新品种，初时只在贵族中流传，故又称"贵族鱼"，后来又引进德国的"革鲤"

池养锦鲤

和"镜鲤"加以杂交,培育出了色彩鲜艳如锦、斑纹变幻无穷的多彩锦鲤,有红色、黄色、蓝色、白色、黑色、紫色等。锦鲤色彩斑斓,体型矫健丰硕,给人以力和美的感受,被誉为"好运鱼"而风靡世界。锦鲤的寿命很长,一般可活几十年,少数长寿的可存活200年左右,在观赏鱼中是寿命最长的一类。

锦鲤的变异主要表现在色彩、斑纹和鳞片上,其他部位很少发生变异。由此,它的名称多是根据色彩、斑纹而定;此外,还有以培育年代、产地、培育人命名的。目前,锦鲤大体上可以分为13个品系,以下介绍其中4个。

1. 别光品系

这个品系的锦鲤在银白色、鲜红色、金黄色的底色上出现黑斑,色彩明快清秀、反差强。底色是银色的称为白别光锦鲤,红色的称为赤别光锦鲤或金别光锦鲤,黄色的称为黄别光锦鲤。别光品系和其他品系杂交后培育而成的有德国别光锦鲤、兴国别光锦鲤、荷包别光锦鲤等。

2. 光写品系

这个品系的锦鲤是黄金品系和写鲤品系或其他品系杂交的后代。例如,用黄金锦鲤和白写锦鲤杂交获得的黑底色上既有黄金锦鲤的金黄色,又有白色三角形斑纹的品种,称为白光写锦鲤;用橘黄金锦鲤和昭和三色锦鲤杂交获得的黑、白、红、黄四色品种,则称为金昭和锦鲤;用黄写锦鲤和黄金锦鲤杂交,其后代则称为金黄写锦鲤等。

3. 红白色品系

这个品系的锦鲤以银白色鱼体为主,长有不同的红色斑纹,色彩鲜明,十分美丽,千变万化中自然就产生了许多品种。例如,鱼体有两段红色斑纹的品种称为二段红白锦鲤,以此类推,也有三段、四段……

十段红白锦鲤；如果红白色锦鲤体上红色斑纹聚集成葡萄状花纹，就称为葡萄红白锦鲤。

4. 黄金品系

黄金品系的锦鲤体色为纯黄色，又称黄鲤。其中，鳞整齐并发出金黄色光辉、耀眼夺目的品种，便是珍贵的黄金锦鲤；色暗稍带红色称为橘黄金锦鲤；鱼体全部为银白色、软鳞，称为灰黄金锦鲤；而银白色的则称为白黄金锦鲤或白金锦鲤。

黄金锦鲤

➤ 锦鲤的饲养

锦鲤平时喜栖留在池塘底层，搜食各种残余饲料，会吃硬壳的螺蛳，经常掘泥搜食；幼时也食浮游生物，如水蚤等。锦鲤体形较大，体长可达40厘米以上，体重也可达5千克以上，甚至有体长150厘米、体重45千克的记录，所以主要以池养为主，一些体型小的也可用水族箱饲养。锦鲤体格强壮，性格活泼，对水质要求和金鱼相似，适应性更强，更为粗放，而且喜较混浊的水，但在室内水族箱中饲养，却比饲养金鱼困难。

一般家庭室内水族箱饲养锦鲤，主要饲养20厘米以内的小型锦鲤。如水族箱大小为80厘米×60厘米×50厘米，可养4尾20厘米的锦鲤。由于锦鲤体型较大，游动矫健，也吃植物性食物，所以水族箱布置宜采用较大的卵石和砂粒，水草种植应采取用金属网隔离，也可用玻璃隔离，但玻璃上要打洞孔，让水流通，使水草仍能吸收整个水族箱水中二氧化碳，放出氧气。水族箱最好装有循环过滤设备，使水质保持清洁，每天抽去箱底剩余饲料、粪便等污物，加入养好的新水，并控制饲料的投放。水族箱饲养要定时定量喂食，作为娱乐性投食诱鱼，要注意只能投入极少的量。

锦鲤比较耐寒，但气温低于2℃时饲养在室外的锦鲤应移入室内。水温在2～4℃时，锦鲤很少活动和摄食，但仍能进食，这时要保持水温，给予光照，少量投食，使鱼不消瘦，防止锦鲤因突然降温而得病。这段时间基本上不用全部换水，半个月左右清除一次污物，加入养好的老水即可。当室外温度超过4℃后，锦鲤就又可移到室外水池饲养。

秋天是锦鲤生长、发育、长膘的季节，随着水温降到15℃左右时，可以增喂一些动物性高蛋白饲料，如蚕蛹，虽含较多脂肪，但这时锦鲤生长快，也能吸收消化。在10～11月之间把锦鲤养得体壮膘肥，越冬就可维持体况，而且能减少疾病发生。为了使锦鲤色彩鲜艳，要喂一些甲壳类如蟹、螃蜞、海虾等饲料，可使锦鲤更美丽，这点对在室内水族箱中饲养的锦鲤更为重要。

➤ 锦鲤的繁殖

3～5月是锦鲤的繁殖季节，产卵时间从清明直到立夏，中国南北地区略有前后。通常水温在16℃时锦鲤才会产卵。超过25℃水温会影响产卵或不产卵。3月后就要准备水草或棕丝，消毒、结扎好，放在水中。3月份产卵前期要多喂些富含蛋白质的饲料，水要换成新水，酸碱度宜为中性。

当水温超过16℃时，成熟的锦鲤追逐、产卵，一般在黎明和上午10点左右。雌鱼激动地跃游，有时扑击水面，发出溅水声，尔后雌鱼排卵，雄鱼射精。锦鲤越大，产卵量越多，从几十万粒到几百万粒，一般分几次产完，直到5月份止；受精卵黏附在水草或棕丝上，应及时取出并放入孵化池内，孵化池水温和产卵池水温要相似，在产卵池中另放入受卵的水草或棕丝，还要注意产卵池的水质，如产卵池较小，水质坏要更换部分新水进去。受精卵的孵化时间根据水温不同从2天到20天不等，16～18℃时10天，18～20℃时6～7天，20～25℃时4天，25～30℃时2天。

热带鱼的常见品种及饲养

一般饲养的观赏用热带鱼是指在热带淡水中所产的鱼类，至于在热带海水中所产的鱼类，则称为热带性海水鱼。通常在市场上出售的热带鱼，大部分是淡水鱼。有些特别的种类，原本是属于海水性的，但是经过人为长期的培育以后，已经习惯于淡水生活，这也可称为热带鱼。此外，还有一些本来并不产于热带地区，而是产于温带地方的品种，也因为经过人为长期的培育，逐渐适应热带鱼饲养环境，这种鱼类也称为热带鱼。

一般来说，家庭饲养的观赏用热带鱼有500～600种。在热带鱼中，种类多的要数脂鲤科、鲤科、丽鱼科、攀鲈科和鳉科等。

1. 暹罗斗鱼

暹罗斗鱼又名天堂鱼、泰国斗鱼、彩雀鱼、火炬鱼，属攀鲈科，原产于东南亚、泰国等地。斗鱼体侧扁，呈长梭形，体长5～8厘米。暹罗斗鱼野生种并不美，经饲养培育后颜色非常美丽，鱼体具青褐色、绿色、蓝色或红色的斑条，鱼鳍为红色，边缘为蓝色，色彩鲜艳夺目。如果在鱼箱中放入新鱼或投入饲料，或受到其他刺激时，它会立刻改变

暹罗斗鱼

自己的体色。暹罗斗鱼的体质强健，性情凶暴，不能同其他较小的鱼类混养，否则，其他品种的小鱼会被它吃掉。暹罗斗鱼以好斗闻名，两雄相遇，张大鳃盖，抖动鳍羽，互相撕咬争斗，直到一方鳍碎倒毙方休，但雌鱼不参与争斗。

暹罗斗鱼适宜生活在20℃的水中，但它的生活适应力强，能抵御低温，在水质不洁或地方狭小的环境里，也能照常生活，具褶鳃，有浮头从水面直接吸取氧气的本领。暹罗斗鱼6月龄左右性成熟，一年能繁殖多次。

2. 地图鱼

地图鱼又名尾星鱼，属丽鱼科，原产于圭亚那、委内瑞拉、巴西等地。地图鱼有白地图、红白地图等多个品种。地图鱼体侧扁，呈椭圆形，头大，嘴大，体型粗大，体长25～30厘米；鱼体呈黑褐色，散布着不规则的金色斑块，间镶红色条纹，形如地图而得名。背鳍很长，直达尾鳍基部，尾鳍后缘圆形，有一个金色环，状如眼睛，闪闪发光，似夏夜星光，故又名尾星鱼。地图鱼性情凶猛，吃动物性饵料，还会吃小鱼，故不能和其他鱼类混养。

地图鱼对水质要求不高，水的pH为6～8都能适应；水温宜为20℃以上，水族箱要大。地图鱼孵化后约14个月，体长可达20厘米左右，性

地图鱼

成熟。雄鱼头部略高,斑纹较鲜艳,鳃盖部的黄色斑块闪金光,尾星也亮;雌鱼体型略大,腹部膨大,出现黄褐色小斑点,渐成深黑色,体色不如雄鱼艳亮。

3. 五彩神仙鱼

五彩神仙鱼又名奶子鱼、五彩燕鱼,属丽鱼科,原产于亚马孙河流域。其鱼体极侧扁,呈圆盘形,体长15～18厘米,体色灰蓝,有8条黑色或茶褐色的直条纹,鳍的外缘深红色,全身色彩绚烂娇艳,能随光线变化而变化,所以有五彩神仙之美名。五彩神仙鱼背鳍从鳃后直到尾柄,臀鳍从腹鳍后直达尾鳍基部,显得雍容华贵,被称为热带鱼皇后。五彩神仙鱼性情温和,可和其他热带鱼混养,但它较珍贵,一般还是单独饲养。

五彩神仙鱼

五彩神仙鱼要求水质清洁,水族箱宽大,可种植多株宽叶水草,便于鱼儿隐蔽。五彩神仙鱼的胆子较小,喜安静。要有较长时间的光照,水温在22℃以上,pH为6.5～6.8,主食动物性饵料。五彩神仙鱼约1年多后性成熟,两性相似,雌鱼的背鳍和臀鳍较长、较大,颜色也比雄鱼鲜艳。五彩神仙鱼的繁殖水温为26～28℃,pH为6～6.5,水硬度为3～5。

4. 三间鼠鱼

三间鼠鱼又名皇冠泥鳅鱼,属鳅科,原产于印度尼西亚等地,鱼体扁而丰满,呈圆筒形,体长15～30厘米,鱼体淡橘黄色,有三条粗黑条纹,各鳍呈鲜红色,尾鳍呈叉形。三间鼠鱼体格健壮,游姿优美,喜在缸的底部活动,胆子较小,可和体形相似的热带鱼混养。三间鼠鱼适应性强,容易饲养,对水质要求不高,饲养水温20℃左右,喜中性偏弱

三间鼠鱼

酸的软水。箱中需多种水草供其隐蔽，但它会掘翻沙土，可用卵石等固定水草根部。三间鼠鱼为杂食性，吃动物性饵料，也吃水草上和水族箱壁上的青苔，有"清道夫"之称。

三间鼠鱼1年龄后性成熟，两性相似，但雌鱼的腹部较膨大。三间鼠鱼繁殖比较困难，繁殖水温约26℃，水 pH 为6.5～7，喜软水。三间鼠鱼产卵在沙中，雌鱼伏在卵上孵化。受精卵5天左右可孵出小鱼，可喂灰水或熟鸡蛋黄。

同类型的"清道夫"还有反游猫、花鼠鱼、玻璃鲇、吸石鱼等。

5. 斑马鱼

斑马鱼又名花条鱼、蓝条鱼，属鲤科，原产于孟加拉国、印度等地。斑马鱼体型呈长梭形，尾部侧扁，体长4～5厘米，行动活泼迅速，喜结群，适宜25℃的水温，水的酸碱度以中性为好；对饵料不挑剔，主食动物性饵料；性情温和，可同其他小型热带鱼混养。

斑马鱼的颜色美丽，背部呈橄榄色，体的两侧有多条深蓝色条纹，间以金色或银色条纹，形同斑马而得名。斑马鱼有多个品种，区别在斑条多少和宽窄，及鳍形的变化。一般雄鱼的身体修长，颜色略深，条纹较为显著，雌鱼身躯肥壮，颜色稍淡，在临产期，腹部非常膨胀，所以，雌雄鱼较容易辨别。

斑马鱼6月龄后性成熟，

斑马鱼

繁殖力很强。产卵数量多,孵化率高,而且产卵周期又短。

6. 黑玛利鱼

黑玛利鱼又名黑摩利、黑玛丽,属鳉科,原产在墨西哥、美国等地。黑玛利鱼体侧扁,呈纺锤形,体长4～6厘米,全身乌黑,尾鳍和胸、背鳍变异而产生许多品种,如长尾黑玛利、燕尾黑玛利、琴尾黑玛利等。它体形小巧,玲珑活泼,

黑玛利鱼

非常可爱,性情温和,可以和其他小型热带鱼混养。

黑玛利鱼对水质要求不高,适应性强,可以在16℃以上水温中很好地生活,但对水质、水温变化比较敏感,短时间内水温变化不能相差1℃以上。其主食动物性饵料,也吃水草和青苔,除了喂鱼虫外,可补喂少量切碎的蔬菜。

黑玛利鱼约5月龄时性成熟,体长达2.5厘米,一年能多次繁殖。两性相似,但雌鱼明显比雄鱼体大,性成熟时腹部膨大,臀鳍呈圆形,而雄鱼的臀鳍明显尖长。黑玛利鱼是卵胎生鱼类,繁殖水温为24℃左右,水pH为7～8。

剑尾鱼

7. 剑尾鱼

剑尾鱼又名剑鱼、青剑、红剑、鸳鸯剑等,属鳉科,原产于墨西哥、危地马拉等地。剑尾鱼体侧扁,呈纺锤形,体长6～10厘米,体色蓝绿,略带棕色,体侧还有条红线,剑尾呈橙黄色或红色、绿色,边缘

为黑色,背鳍上有小红斑。剑尾鱼性情活泼,喜结伴嬉游,尾部一条长剑显得十分威武。剑尾鱼经过长期杂交和培育,已有上百个品种,如红剑尾鱼、帆鳍剑尾鱼、燕尾剑鱼、黄剑鱼、鸳鸯剑鱼等。剑尾鱼性格温和,可以和其他热带鱼混养。

剑尾鱼对水质要求不高,体格强壮,耐寒能力很强,水温降到10℃也不会死亡,16℃以上时能很好地生活,水的pH为6～8。剑尾鱼是杂食性的,对饲料不挑剔。剑尾鱼7个月龄后性成熟。每年能繁殖多次。两性容易识别,雌鱼无剑尾,显得肥大;雄鱼各鳍都较尖,有剑尾,臀鳍演化成交配器,但老年雌性剑尾鱼也会长剑尾。剑尾鱼也是卵胎生的,繁殖水温为24℃左右,水的pH为6.5～8,水硬度为6～9。

8. 孔雀鱼

孔雀鱼又名百万鱼、彩虹鱼等,属鳉科,原产于西印度群岛各地。孔雀鱼体侧扁,呈纺锤形,体长2～5厘米,雌鱼的身长比雄鱼长一半,适宜在22～26℃的水中生活,能耐16℃的低温,水的酸碱度以中性为好,微碱亦可。

孔雀鱼因颜色像孔雀一样美丽而得名,雄鱼比雌鱼更美丽,有红、橙、黄、绿、青、蓝、紫等色,好像天上的彩虹一样,故又名彩虹鱼。雌鱼的颜色多为银灰色,间也夹杂一些橄榄色或褐色。孔雀鱼的尾部有些是圆形的,有些是方形的,有些是剑尾状的,几乎包括了鱼的各种尾鳍形状。此外,还有团扇孔雀鱼、彩绸尾孔雀鱼、彩巾孔雀鱼等,品种繁多,千姿百态,深为人们喜爱。孔雀鱼性格温和,活泼好动,可和多种热带鱼混养。孔雀鱼属

孔雀鱼

卵胎生鱼类,出生后2～3个月性成熟,鱼体全长达2.5厘米就能初产。

9. 宝莲灯鱼

宝莲灯鱼又名日光灯鱼,原产于巴西、哥伦比亚、厄瓜多尔等地。宝莲灯鱼体侧扁,呈纺锤形,体长3～4厘米,鱼体背部棕红色,体有浅绿色条纹,各鳍都透明无色,尾部鲜红色。在光线的照射下,宝莲灯鱼能变幻出各种色彩,极为

宝莲灯鱼

美丽,如霓虹灯一样。宝莲灯鱼生性温和,活泼好动,可以和其他小型热带鱼混养。

宝莲灯鱼适宜水温为24℃左右,水的酸碱度中性偏弱酸,喜软水和老水,不喜强光,胆小,需多种水草供其隐蔽,主食动物性饵料。

宝莲灯鱼6月龄后性成熟,一年可多次繁殖。两性相似,繁殖期间雌鱼身体较肥壮,腹部膨大;雄鱼体细长。其繁殖水温为26℃左右,水的pH为6～7,需软水,可加蒸馏水后充氧。

10. 银龙鱼

银龙鱼又名银带鱼,属骨舌鱼科,原产于南美洲、非洲、澳大利亚、亚洲等地。银龙鱼体侧扁,呈长带形,体长30～90厘米,鱼体银白色,鱼鳞大,有一对短须,体格强健,活动量大,鱼体大而壮观,能吞食小鱼,不宜与其他鱼类混养。银龙鱼对水质要求不高,但要宽大的水族箱,充氧,箱中

银龙鱼

一般不放砂石、不种水草。水酸碱度中性,饲养水温22℃以上。其主食动物性饵料。

银龙鱼2年龄后性成熟,体长达40多厘米,两性相似,繁殖期雌鱼腹膨大。其繁殖水温为20℃左右,水的pH为6.5～7.5,水硬度为7～9。

观赏鱼缸的水草、砂石和摆设

在水族箱中,种植水草,设置砂石和摆设,可以美化水族箱,增强观赏效果。水草、砂石和摆设不仅起观赏作用,还对鱼类生态环境起重要作用,对鱼类生活有直接意义。例如,水草能吸收水中的氮素,补给水中氧气,黏结鱼卵。砂石可被鱼吞食,帮助消化,并补充微量元素,又能固定水草,藏在砂石下的菌类可以把鱼粪或剩饵转化为肥料让水草吸收;各种小摆设也可供鱼躲藏栖息。

水族箱中的景观摆设

水草多产在热带、亚热带和温带水域中,种植水草,常见的可以分为四类,约百余种。

（1）沉水类：根生在水底、叶生在水中。

（2）浮水类：根生在水中、叶浮在水面。

（3）挺水类：根生在水底,叶伸出水面。

（4）漂浮类：根生不固定,漂浮在水面上。

栽种水草要注意挑选壮苗,如果水草从沼、湖等自然环境中采取,应洗净并用稀释的高锰酸钾溶液进行消毒。种植要在放鱼之前,等水草充分生根后再放鱼;也可栽种在其他小盆中,待长好后,连盆移到水族箱中。

栽种水草要先准备好砂、石、小花盆等,将砂、石、小花盆洗净,选用透气性好的中粗砂,使水草根易于伸展,卵石等要选用光滑无棱角者,以免擦伤鱼体。水草可以直接栽在水族箱底的砂石中,也可以先种在小花盆中,再置放在水族箱内。对有些要食草的鱼,可用隔网在鱼缸中把鱼和水草分隔开。

水草

水族箱底部一般要铺一层砂石，砂石是有益细菌的生活场所，可将污物转化为水草的肥料，还可以把有害气体吸附在砂石表面，使水澄清美观，又可促进水草生根发芽。可挑选色形奇特的岩石、太湖石等放在水族箱中，可使鱼儿的生活环境更好，具自然野趣。也可再置放一些人造景观，如亭台、楼阁、珊瑚等，人工制作的景物摆设应以非有害金属或陶瓷等材料为宜。

水草栽种和砂石、摆设的配量，还应和所养的鱼类搭配。例如，身体透明的鱼类需深色植物和砂石或摆设衬托，它们的晶莹体态就更突出；体型小巧、活泼的鱼类应配以叶小、植株小巧的水草；体型大的鱼类则应配以叶片宽阔的水草；体型方圆的鱼类配以狭长条状的水草。

观赏鱼常见病防治

观赏鱼生活在水中，在人工饲养下显得相当娇嫩，稍不小心就容易患病。治疗鱼病有一定的困难，故应以预防为主，创造一个适宜鱼生活的环境，使鱼健康生长、发育和生活。

发现鱼儿得病时，应立即采取隔离措施。一般采用定期消毒的办法预防鱼病，具体措施为：每次观赏鱼换水时，将鱼集中在小容器内，预先在容器内的水中放入2%的食盐，让鱼在水中沐浴5分钟左右，然后移到换好的清水中。第二次换水时，则在容器内的水中溶入0.02%美曲膦酯（敌百虫），让鱼在水中沐浴5分钟左右。第三次换水时，在容器内的水中溶入0.03%高锰酸钾，让鱼在水中沐浴5分钟左右。第四次换水时，在容器的水中倒入0.02%红药水（红汞），让鱼在水中沐浴5分钟左右。第五次换水时，在小容器的水中放入硫酸铜0.05%，让鱼在水中沐浴5分钟左右。用这五种药物轮换给健康的鱼消毒，可以预防多种疾病的发生。

保护生态，科学放生

放生，简单地说就是把动物放回大自然。放生一词源于佛教，也是佛门信徒的一种修行方式。放生的活动是佛教徒基于众生平等、尊重生命的慈悲精神以及轮回生死的因果观念，提倡救济众生。

老年人出于行善、积德的本意，往往乐于加入放生的队伍中，殊不知若做不到科学、文明放生，这种行为对本地生态将带来巨大的危害和压力。

人工饲养的鱼类如金鱼，其实很难适应自然环境，放生后反而容易死亡；有的物种竞争力强，放生后排挤本地生态系统中与其占据同等生态位的物种，造成生物入侵；即使是本地物种如黑鱼、鲇鱼，因其食性广、取食能力强，大量放生后会打乱本地食物网的平衡。因此，对于家庭饲养的鱼类，绝对不可以随意放生。

互动学习

1. 选择题：

（1）龙睛属于（　　）金鱼。

    A. 文种　　　　　　　　　B. 蛋种

    C. 草种　　　　　　　　　D. 龙种

（2）金鱼生长的黄金季节是（　　）。

    A. 春季　　　　　　　　　B. 夏季

    C. 秋季　　　　　　　　　D. 冬季

（3）水族箱中养一条"清道夫"可有效清除箱内的青苔，以下哪种鱼有此称号（　　）。

    A. 花鼠鱼　　　　　　　　B. 暹罗斗鱼

    C. 地图鱼　　　　　　　　D. 斑马鱼

2. 判断题：

（1）饲养观赏鱼，最重要的是养水。　　　　　　　　　（　　　）

（2）锦鲤的祖先是鲤鱼，原产地为日本。　　　　　　　（　　　）

（3）在水族箱中种植水草，设置砂石和摆设，只是增强观赏效果。

　　　　　　　　　　　　　　　　　　　　　　　　　（　　　）

（4）一般饲养的观赏用热带鱼是指在热带海水中所产的鱼类。

　　　　　　　　　　　　　　　　　　　　　　　　　（　　　）

（5）拒绝大规模随意放生，维护生态平衡。　　　　　　（　　　）

参考答案

1. 选择题：（1）D；（2）C；（3）A。

2. 判断题：（1）√；（2）×；（3）×；（4）×；（5）√。

第三章 家庭养鸟

 简明学习

　　一说养鸟，大家就会想到诸如"闲人""八旗子弟""提笼架鸟"等字眼。所谓笼鸟，即将各色鸟儿放入笼中饲养，鹦鹉、芙蓉鸟、珍珠鸟毛色艳丽，叫人赏心悦目；画眉、百灵、红蓝靛颏，叫起来百啭千声，清啼悦耳。而养鸟人就以这赏音逗趣、提笼遛鸟为乐。养鸟之风由来已久，这要追溯到满族人养鸟听音的传统，清皇室入关后，贵族圈中便已兴起，随着政局逐渐稳定，生活日渐富足，笼养禽鸟之事越来越受到纨绔子弟的欢迎，民间也大为盛行起来。总的来说，养鸟者以贵族与文人居多，因此养鸟也成为鸟主人身份与地位的象征，更成为纨绔子弟的生活缩影。

　　世界上的笼鸟有几百种，但许多鸟在人工饲养条件下难以繁殖，想要获得只能靠野外抓捕。如今，随着各类野生禽鸟的日益减少，以及国家动物保护立法的健全，有些笼鸟被列入法律保护的范围，不能随意交易与饲养。例如，画眉是中国特产鸟类，不仅是重要的农林益鸟，而且鸣声悠扬婉转，悦耳动听，又能仿效其他鸟类鸣叫，历来被民间饲养为笼养观赏鸟，被誉为"鹛类之王"驰名中外。因此，每年不仅大量被民间捕捉饲养，而且大量出口国外，致使种群数量明显减少。另一种著名的笼鸟——云雀已被列入中国国家林业局 2000 年 8 月 1 日发布的《国家保护的有益的或者有重要经济、科学研究价值的陆生野生动物名录》，云雀属全部种列入世界自然保护联盟（IUCN）2012年发布的《世界自然保护联盟濒危物种红色名录》，私自交易及饲养可能触及法律，为此惹上官司可是得不偿失的。

目前，人工繁殖成功率较高的有虎皮鹦鹉、牡丹鹦鹉、芙蓉鸟、锦花鸟（珍珠），文鸟类的白腰文鸟、灰文鸟、斑文鸟、栗腹文鸟、五彩文鸟等；绯胸鹦鹉、鹩哥等也已可进行人工繁殖；其他如各种雉鸡、鹌鹑、家鸽等更容易繁殖。观赏、饲养这些鸟类，既可以满足爱鸟者的需求，又不会破坏生态平衡，两全其美。

 ## 笼鸟的饲养器具

饲养鸟类，首先要准备养鸟的笼舍、器具，这是养好观赏鸟的必备条件。

1. 鸟笼

鸟笼是鸟栖息、生活的场所，制作鸟笼的材料可以因地制宜，选用竹、木、金属丝、塑料网等。笼的形式也多种多样，圆形、方形、扁形、半圆形、房式、腰鼓形等，主要根据所养的鸟的大小来决定。一般体型大的鸟选用或制作宽大的疏丝笼饲养，使鸟有活动余地。体形不大，但尾羽较长的鸟，应选择高大密丝的鸟笼，以免损坏尾羽。有些鸟体形虽小，但有高飞鸣唱的习性，则需特制的高笼。一般小鸟则用密丝小笼。另外，鹦鹉等嘴硬喜啃咬且力大的鸟，要用金属丝笼或鸟架饲养。

2. 食具

盛放饲料和饮水的器具，按用途有粟子缸、蛋米缸，粉缸、菜缸、水缸等，缸的大小、形状有别，制作的材料也有竹、瓷、钢、不锈钢、铝、塑料等，粟子缸口小腹大，也可作水缸。蛋米缸成腰鼓状，体积大。粉缸，口与底一般大，又称棋子缸，分深、浅两种。菜缸深长，底贮水，菜插在内,使菜叶不干瘪。水缸一般可用粟子缸、蛋米缸代用,也有特制的玻璃管弯缸。

3. 栖木

笼鸟的一生都在栖木上度过,所以栖木对鸟很重要。栖木要粗糙,便于鸟站立,粗细要适宜。现在市场上出售的栖木上胶黏有一层金刚砂,便于鸟站立,并能磨嘴和爪。栖木直径以鸟爪抓握后,前后趾爪之间还有少量距离为宜。在大的鸟笼中栖木要多设几处,让鸟多飞翔活动,还可以装能晃动的浪木,增加鸟的运动量。栖木设置的高度也要注意,对鸟笼中尾长的鸟,栖木要设置在较高位。

4. 笼罩

笼罩是根据鸟笼大小和形状用蓝布、黑布缝制的布套,可遮光、防风、保暖。遛鸟时,途中可用笼罩罩住,到了绿荫下再全部或半揭开。

5. 加食匙

加食匙是专门用来加料的工具,常用马口铁、铝皮、塑料、有机玻璃片等制作。

6. 吸食匙

吸食匙是专门用来饲喂雏鸟的小匙,常用牛角、竹、木等制成,匙四周十分光滑,不会划伤雏鸟嘴部。

7. 加水壶

加水壶是专门用来向水缸中加水的壶,嘴细长,可用铁皮、铝皮特制,也可用旧塑料罐改制。

8. 筛子

筛子是用来筛选颗粒饲料、种子,去除杂草、垃圾的工具,分多种

筛眼,根据需要选用。

9. 笼刷
笼刷是清洗鸟笼的工具,柄长,也可用牙刷接柄或瓶刷代用。

10. 研钵
研钵是用来研磨菜汁和饲料用的臼和杆,可用粗瓷钵、硬木削成的杆替代。

11. 卵杓
卵杓是用牛角或药用匙制成的稍凹的小匙,用来杓取巢中的小卵,检查或调整孵卵数。

12. 人工巢箱
鸟在鸟笼或笼舍中繁殖,必须设置人工巢或箱,人工巢箱种类繁多,如文鸟类的巢壶、金丝雀的巢皿、绯胸鹦鹉的木质巢箱等。巢壶是用稻草编制的壶形巢,分大、中、小三种,小型的供鸟栖息用,繁殖时选大型、中型。巢皿可用稻草、泡沫塑料等制成,如金丝雀巢皿直径10厘米、深5厘米,内垫麻,棉等;鸽子的巢皿直径18厘米、深6厘米,内垫干草。巢箱根据鸟的大小分大、中、小型,如绯胸鹦鹉的巢箱长35厘米、高40厘米、宽30厘米。巢箱上部1/3处开洞,洞口直径8厘米,出入口设一平台,供鸟出入巢箱。

13. 足环
足环大多是铝制的,也有塑料或不锈钢制成的,可以标刻鸟的年龄等,建立档案记录对生产型鸟类或赛鸽等珍鸟特别重要。

14. 捕鸟网
捕鸟网通常由铁圈、柄和轻巧的尼龙布或网制成。

15. 孵化箱

孵化箱是专门用来孵卵的，能保持恒温和一定湿度，可根据饲养鸟和生产要求选购小型的或大型的。

16. 雏鸟保温箱

雏鸟保温箱是专门用于刚出壳的雏鸟哺育时用的，能保持一定温度和湿度，保持通风，也可在箱内加装加温器。

17. 假卵

假卵是用石膏或泥制成大小不一的卵，用来换取巢中的真卵。

笼鸟的饲养

➤ 留心观察

要鸟类适应人们为它安排的笼养生活环境，并在新的环境中生存、生长且繁殖后代，不是一件很容易的事。除了要了解一些鸟类饲养的基础知识外，最重要的还是在实践中摸索、验证，不断丰富经验。所以，在饲养管理中，日常观察是第一步，去发现所养的鸟类对环境的反应和各种细微的变化，寻找出现问题的原因，并在饲养管理中找到解决的措施。

观察鸟类可以从观察生活环境开始。天气是影响鸟类生活的重要因素，特别是气温、湿度的变化，与孵化哺育小鸟的关系更为密切。因此，要及时观察天气变化，如雨天鸟笼就应挂在室内，大热天鸟笼就不能暴晒在阳光下，看来是简单的小事，但稍一疏忽，娇嫩的小鸟就可能受到伤害，甚至死亡。

然后是观察鸟的活动情况。笼鸟生活在狭小的环境中，它们的活动基本上一目了然，运动、休息、觅食、鸣叫等都有一定的规律。例如，早晨什么时间醒来，在笼中是否活跃，是否有食欲，鸣叫多长时间，休息采用什么姿态等,这些都是观察的内容,如有反常,就须找出原因,及时采取措施予以解决。

鸟类饲养时间长了,随着年龄、季节变化,都有一定的生理周期性变化,也要仔细观察。例如,鸟类的换羽通常每年1～2次,常从飞羽开始。如到了季节还不换羽,就要找出原因,以便及时解决。另外,鸟类的发情、产卵、孵化等也是季节性变化的,都应观察掌握。

每天都看得到的生理表现,更要留心观察,如排便的数量、次数、形状、气味、颜色,眼睛是否明亮,羽毛有否有光泽等。如果一切正常,就是健康的表现,反之,则要找出原因。

饲养者常会疏忽的就是安全观察。鸟笼是否损坏,挂鸟笼处是否有鼠、猫等天敌,这些都不能大意。

> ### 喂食和水

鸟类的新陈代谢旺盛,一天进食不止一两次,往往经常在进食,但鸟笼中的食缸较小,所以每天要多次加食。一般早晨喂一次,中午喂一次,另外再喂一次辅助饲料。

由于笼鸟不像自然界野鸟那样自由觅食,因此要尽可能地满足鸟的一些食性需要,配好饲料,及时供给、增添和清理,从而确保笼鸟健康地生长。

笼鸟不能断水,而且要喂清洁的水,水缸很小,贮水不多,进食后再饮水,常把喙上沾的粉料带入缸内,夏季时很容易使水变质,故水缸每天要换水,夏季一天加水2～3次,并经常洗刷水缸,不使水缸有水垢。

> ### 清洁和水浴

一般鸟笼每天都要洗刷一次,除了承粪板外,栖架笼丝上有粪或粉料处都要洗刷一遍,鸟吃得多,排泄也多。在夏季时,承粪板可每天清洗两次。食缸、水缸等也容易沾上脏物,原则上隔天清洗一次,夏季则每天清洗,而粉料缸则需每顿清洗。

　　鸟特别喜欢水浴,对笼鸟也要每天供水让其水浴。每次水浴时间并不固定,要遵循鸟儿的意愿,但时间不能过长。冬季水浴时,水温保持在10℃左右,浴后挂在向阳背风处,如无阳光,可用电吹风使其羽毛尽快干燥。而在夏季,有的鸟要水浴2～3次,可根据情况,给予满足。有些鸟喜进行沙浴,故笼中的沙土每天要过筛清洁,并经太阳暴晒消毒。

　　有时鸟的羽毛和趾靠鸟自己水浴还洗不干净,这时可以人工帮助清洗,用手捉住鸟体后用软布或软刷轻轻用水洗刷,去除脏物,用干布把湿羽吸干,把鸟放回鸟笼。

➤ 运动和遛鸟

　　俗话说,生命在于运动。鸟类也一样,增加鸟类的运动是保持笼鸟健康的措施之一。在笼舍中饲养的鸟类,可以为其增加栖木,设置在鸟舍的不同角度,将饲料和饮水盆设置在低处,使鸟儿多飞翔。另外,也可在笼舍中装置摆动的浪木,使鸟儿随着浪木迁荡而得到运动。

　　遛鸟也是一种生活方式,每日由人提鸟笼散步去绿化地带或公园,鸟笼随人行走而摆动,鸟在栖架上为保持平衡,全身肌肉也有规律地收缩和放松,起到运动的目的。笼鸟在遛鸟过程中还能呼吸新鲜的空气、沐浴阳光。特别是许多鸟友把笼鸟集中在一处,笼鸟互相"攀比",引颈鸣唱,这也算是一种运动。

　　遛鸟可以增加对笼鸟的光照,这对鸟的生长、发育、繁殖都有很大好处。但在遛鸟时要注意,日光以斜射光为好,且不宜挂在风口处,特别是秋冬季节,以免笼鸟得病。

➤ 修喙与修爪

　　为了使笼鸟符合观赏要求,提高观赏效果,应经常注意对鸟体进行必要的修整,包括修喙、修爪和清洁整理羽毛。

人工饲养的笼养鸟由于取食方式及食物组成的变化,使喙部磨损程度大大减少,往往会导致喙过长或畸形,久而久之会影响鸟的正常取食,必须进行人工修整。

修喙的方法是:一手固定鸟头及其喙部,一手用利刀轻削畸形部分,由边缘部分逐渐向尖端修理,注意一次不可削去过多,以免出血,削剪后的喙必须用砂纸或细锉轻轻地将棱角磨去。一般用锉将过长部分锉去即可,注意每次削剪要尽量避免出血,如有少量出血可涂碘酒消毒。

在自然界生活的鸟类因为经常与石块、土壤和粗糙的树枝接触,趾爪因活动而自然磨损,不会长得很长。但笼养鸟不同,因长期生活在笼内,趾爪缺乏必要的磨炼而过度生长、变形,必然会影响其栖息姿势与正常的生活。一般过长的爪或已向后弯曲的爪都应进行修剪。

对鸟趾爪的修剪方法比较简单,可用利刀或剪刀从爪的末端开始削剪。每次削剪不宜过长,若爪过长可分2～3次削剪,每削剪一段可稍停片刻,看有无渗血再酌情进一步修剪,修剪后用指甲钳锉或细砂纸轻轻地单向磨去棱角即可。

饲养爪、喙容易生长过快的笼养鸟,饲养者应在笼内放置带有粗沙的栖杠,让鸟的爪或喙有机会得到正常的磨损。

> **换羽期饲养**

鸟类每年会进行1～2次换羽,有的要进行四次。换羽一般是每年7～9月开始,9～11月完成,40～60天新羽长成。

换羽期鸟类显得比较娇弱,容易得病,这段时间要特别照顾,如把鸟笼挂在无窜风处,减少或停止水浴等。据实验,光照、温度和饲料对鸟类换羽有很大影响。换羽期有足够光照和温度时换羽较顺利,温度低则会延缓换羽。另外,在换羽期前给以营养丰富的饲料也会延缓换羽。所以一般在换羽期前,即6月可饲给一般的饲料,促使鸟迅速换羽,而当羽毛落下后,再喂高蛋白,富含脂肪、维生素的饲料,以促使新羽生长。对于少数换羽不完全,有几根羽脱落不下的,可酌情人工帮助拔去,促进其换羽。

换羽季节易发生鸟啄食羽毛的情况,尤其是鸟羽脱落后,羽鞘刚开裂,或羽片正向外顶,啄食会使鞘内的血液滴流不止,很难使新羽长好。发生啄羽的原因,可能是饲料中营养成分贫乏,某些氨基酸、微量元素和维生素供应不足而影响体内营养平衡。故在换羽期应在饲料中添加骨粉,或加水蒸后的羽毛粉;鸡蛋黄含有丰富的钙、镁、硫等和微量元素及羽毛组成的必需氨基酸,在换羽期的饲料中应适当增加。

➢ 繁殖期饲养

鸟类繁殖期整个过程包括求偶(配对)、交配、营巢、产卵、孵化、育雏。鸟类繁殖一窝蛋约需50天,繁殖几窝的可达半年。繁殖期是鸟类最辛苦的时期,也是饲养者最繁忙的时期,要为鸟类进行配对,调整饲料,供给蛋白质丰富、维生素充足的饲料,补充鸟类在繁殖过程中的营养消耗;要为鸟类提供繁殖场地、巢箱、巢草;要注意孵化情况,不孵的卵可用义鸟代孵或人工孵化;要关心、照料雏鸟等。

在选择配偶时,一般选体大的雄鸟配体小的雌鸟,雄鸟比雌鸟年龄要大半岁到一岁。对讲究羽色的观赏鸟,则要求雄性强于雌性。

有些鸟边产卵边孵化,为了使鸟多产卵,常采用以假卵换取真卵的办法。当鸟产满一巢卵后,再把假卵全部取走,诱使鸟继续产第二窝卵。取出的卵可由义鸟代孵,也可进行人工孵化。

在繁殖期,亲鸟有时会啄将要飞离巢或独立生活前的雏鸟羽毛,此种情况表明亲鸟是因为准备产卵而拔除雏鸟羽毛以进行营巢。如果发现这种情况,应及时将雏鸟与亲鸟分离饲养,并为亲鸟提供足够的营巢材料。

➤ **育雏期饲养**

许多雏鸟由于亲鸟死亡，或者人为要求亲鸟继续产卵而进行人工饲养，刚出壳时应放在保暖箱内，温度控制在33℃以上，然后逐步降温。

雏鸟发育，可以分为绒羽期、针羽期、羽片期、齐羽期四个时期。绒羽期的雏鸟眼未睁，全身只有少量绒羽，头只能勉强抬起。这段时间应喂以菜泥、熟蛋黄为主的浆状饲料，用喂食小匙轻碰雏鸟的嘴，当雏鸟张嘴乞食时快而稳地把饲料填入。每天喂6～8次，每次喂到雏鸟不再张嘴为止。

针羽期时，雏鸟体表开始长出羽轴，眼睛开，约出壳一周以后。这时雏鸟会张嘴乞食，一般喂以熟鸡蛋、菜泥、豆粉为主的稠料。针羽期要加入钙粉、骨粉等矿物质饲料，每天喂5～6次，每次喂到颈部粗凸，不张嘴为止。温度保持在25℃左右。

羽片期是雏鸟正羽长出，约出壳2周后，一般喂给熟鸡蛋、鱼粉、玉米粉、菜叶等的粉料，成半湿状。每天喂4次，并逐步训练鸟自己吃食，在粉料中逐步加入成鸟吃的粟子或昆虫等，温度保持在20℃左右。

齐羽期的雏鸟羽毛已长全，约出壳6周后，体型和成鸟相似。此时的饲料可完全改用成鸟饲料，不需人工填喂和保温。

 笼鸟常见品种及饲养

1. 观赏鸽

家鸽驯养已有5 000年的历史，世界上不同民族在不同时期、不同地点驯养的家鸽通过交流，反复杂交，形成今天繁多的品种。人类驯鸽的最初目的在于观赏或通信，作为食品开发则始于近代。所以，早期观赏鸽品种较多，近代观赏鸽发展缓慢，而信鸽和肉鸽发展迅速。这里介绍几种常见的观赏鸽。

（1）凤尾鸽：又名孔雀鸽，其特点是尾羽有36根及以上。凤尾

凤尾鸽

淑女鸽

鸽原产于印度,育成于英、美两国,是一种古老的鸽种,在我国明朝就有此品种。凤尾鸽体态奇特,头仰在后背上,胸部挺出,两翼下垂,行走时足尖着地,姿态像跳芭蕾舞。此鸽性情温顺,可放在手中或桌上观赏。凤尾鸽尾羽多而长,常影响配种,繁殖率低,卵可由其他鸽子代孵。凤尾鸽有白、黑、灰、红、褐多种颜色,白色最名贵。

（2）淑女鸽:外国玩赏鸽的品种。原产于土耳其,1864年左右传到英国。与饰颈鸽、鹦鹉鸽血缘关系密切。特点是:体型较饰颈鸽小,颈部羽毛浮起,且多数是毛脚。羽色柔和而美丽,翅膀和尾羽为有色羽,其他部位为白羽。各种不同品系,其羽色也略有差异。

（3）芙蓉鸽:是一种很古老的品种,有人认为原产在小亚细亚。性情温和,体形比一般鸽子大,体重约400克。特征是背部和翅膀毛翻卷,脚上也有毛,羽毛以白色为主,亦有褐、黑、蓝、灰等色。

（4）元宝鸽:属于美国王鸽(展览型王鸽),是观赏鸽的一种。

芙蓉鸽

元宝鸽

胸圆如球，宽而憨厚，步伐稳健，不善飞翔，可以在家中小院如养小鸡一样散养。所谓的"元宝"是指它挺胸抬头，尾羽短而上翘着，有一个独特的"V"形身材，与古代的金元宝之两头翘的形状相同。

2. 虎皮鹦鹉

虎皮鹦鹉又名娇凤、长尾恋爱鸟、阿苏儿，属鹦形目、鹦鹉科，原产于澳大利亚南部，现世界各地均有饲养。

虎皮鹦鹉中央尾羽修长，羽色绿带蓝色，偶有蓝色，有黑色细横纹，犹如虎皮；上嘴弯曲，嘴基部有蜡膜；虹膜褐色；体长约22厘米，体重约30克。人工繁育的羽色有黄、蓝、白等变异。栖息在开阔的疏林之中，喜集群生活，营树栖生活。主食植物种子、果实。筑巢在树洞中，每年产两窝，每窝产卵4～6枚。孵化期14～16天。双亲共同孵化，以雌鸟为主，并共同育雏。

虎皮鹦鹉

3. 鸡尾鹦鹉

鸡尾鹦鹉又名玄凤、高冠鹦鹉、红耳鹦鹉，属鹦形目、鹦鹉科，原产于澳大利亚，现各地广泛饲养。其体长约32厘米，羽毛主要为灰色，下体较淡而呈褐色，额冠羽、颊斑和喉均为黄色，耳羽橙色，翅覆羽白色,尾羽暗灰色,嘴暗灰色,虹膜暗褐色,脚灰色(人工培育的品种还有白色、驼色两种)。雌雄鸟羽色相似,雄鸟的耳羽面积略大,颜色鲜艳。

鸡尾鹦鹉是典型开阔地区的鸟类,喜群居、善鸣叫,主食草籽、植物种子、水果和浆果。繁殖期为每年的8~12月份,营巢于树杈或树洞,每窝产卵4~7枚,孵化期21~23天。4~5个星期即离巢。

鸡尾鹦鹉

芙蓉鸟

4. 芙蓉鸟

芙蓉鸟又名白玉鸟、白燕、金丝雀,属雀形目、雀科,体长约14厘米,体重约20克,分布在大西洋的加那利群岛等岛屿。芙蓉鸟形体优美,鸣声动听,性情温和,意大利和德国早就进行人工驯养,逐步成为笼鸟,在世界各地传播开来,并以德国芙蓉名盛于世。100多年前,芙蓉鸟输入我国,在山东、江苏扬州等地经长期人工孵育和选种,培育了我国特有的山东芙蓉和扬州芙蓉。

5. 禾雀

禾雀又名灰文鸟、灰芙蓉、白芙蓉,属雀形目、文鸟科,分布于马来半岛、爪哇岛等地,现世界各国都有饲养。其体长13~14厘米,体重约20克。头部、喉部和尾羽均为黑色;两颊有白色大斑,眼的周围有红色眼圈,嘴淡红色,脚淡红色;背部及翼为苍灰色,腹部浅紫红色。在

禾雀

人工培养下,有全身羽毛白色、花斑的变种,全身白色的称白芙蓉、白文鸟。

野生禾雀主要以禾本科及其他草类种子为食。该鸟在其原产地是一种较普通的鸟类,田园或城镇附近都能见到它。常在房屋的屋脊上或其他建筑物上筑巢繁殖。禾雀孵出后7～8个月即发育成熟,每年可繁殖四窝,每窝产卵4～7枚。

6. 白腰文鸟

白腰文鸟又名禾谷、十姐妹、算命鸟。属雀形目文鸟科。遍布于我国南方各省,为留鸟。

白腰文鸟的头、眼周、颌、喉为黑褐色,耳羽、喉侧、颈侧以至上胸均为栗色,腰白色,尾羽黑色;中央的羽端尖锐,下胸、腹及两肋的羽具"U"形纹;虹膜淡红褐色,脚铅褐色,体重约12克,体长约11厘米。

白腰文鸟

其常见于平原及山脚的灌木或竹林间,成群活动,全家十余只在一起,栖息在旧巢中,因而有十姐妹之称,也有数十只在一起的。鸣声低,但很清晰,每次鸣叫连续四五声,常站在树上鸣叫,有时夹带着翅膀的颤动。食物以植物为主,特别喜吃稻米,也吃些昆虫。繁殖期为每年的4～10月,年产数窝卵,每窝产卵6～7枚,孵化期约14天。

7. 五彩文鸟

五彩文鸟又叫胡锦雀、胡锦鸟、五彩芙蓉等,属雀形目、文鸟科。五彩文鸟是最美丽的笼养繁育鸟之一,原产于澳大利亚热带雨林,活动于水滨的林缘和有灌木丛的开阔草地,觅食多种杂草种子,偶尔也吃少量小昆虫。五彩文鸟的野生数量已十分稀少,被澳大利亚政府列入受保护的鸟类之一，不过人工饲养品种早已经培育成功了。

五彩文鸟体长约12厘米，大小如麻雀，上体绿色，下体黄色，头"脸"部鲜红色，后颈、背部和翅膀呈绿色，细如针的尾巴呈蓝色，喉咙和颈侧部则显黑色，身体两侧为黄色，共有5种色彩，故称"五彩文鸟"。由于五彩文鸟上腹部中央为白色，胸部为葡萄紫色，因此也有人称其为七彩文鸟。

五彩文鸟喜欢日光浴，喜欢温暖的环境（尤其在繁殖期）。但为了保养好五彩文鸟的羽毛，不要经常带它到室外晒太阳。

五彩文鸟

8. 黑喉草雀

黑喉草雀也称牧师鸟，体长约12厘米；头灰色，嘴灰黑色，眼与嘴间有一黑色带；喉、腮、上胸有一块围巾状黑斑，似牧师服上的领结，故得名牧师鸟。

黑喉草雀雌雄同色，幼鸟难分雌雄，成年雌鸟上胸处为横向黑斑。雄鸟鸣叫婉转，且有上下摆头鸣叫的习惯，但音韵不如雌鸟轻柔。黑喉草雀饲料以谷子、稗子为主食，副食喂食蛋米，并给予适量青菜、牡蛎粉或蛋壳粉。

黑喉草雀是较强健的鸟种之一,不易染病,但浓度高的蛋米会导致下痢,同时笼箱内要保持干燥。

9. 金山珍珠

金山珍珠又名锦花鸟,属雀形目、文鸟科,原产于澳大利亚东部热带雨林中。其体长约10厘米,头部灰色,嘴基及眼下方有黑纹,颊后

有红褐色斑块,嘴红色,脚淡红色,腹红褐色,有珍珠般的白色斑点。雌鸟颊后无红褐色斑块,胸部无波状纹。在人工饲养下,已培育出全身羽毛白色的变种,白色金山珍珠雄鸟嘴红色深,雌鸟嘴红色浅。

金山珍珠栖息在疏林,喜集群生活,性活泼,鸣声轻,不甚畏人。其每年繁殖2～3次,每窝产卵4～6枚,两性共同孵化育雏,孵化期14天。

金山珍珠

鸟的常见疾病与防治

1. 症状观察

笼鸟抗病能力差,疾病前期症状不明显,饲养者可观察鸟的活动与形态变化,以及食欲和粪便等情况来判断是否得病。观察时要安静,不能惊扰到鸟,否则鸟因惊扰而神态紧张,就难以觉察真实情况。笼鸟得病后可能会出现以下状态。

(1)呆滞:患病鸟不爱活动,行动迟缓,较少扑飞或跳跃,常伏在笼底,很少站在栖木上。

(2)嗜睡:白天嗜睡,睡时嘴插入背或翼羽,双眼紧闭,常伴有深

呼吸,此时,如有小的惊动,鸟也不会惊醒。

（3）厌沐浴：鸟患病时不爱沐浴,并常有羽虱寄生。

（4）食欲不振：填料后不立刻取食,对一般饲料不感兴趣,对喜爱的饲料食量亦不大。

（5）羽毛松散：患病鸟的羽毛大都松散,而不是整齐地紧贴身体。

（6）双翅下垂：病鸟因体力不支,往往双翅下垂,达不到正常部位。

（7）肛周粘粪：患肠道疾病的鸟,因拉稀而肛周污染,积有鸟粪。

（8）羽毛污染：病鸟无力用嘴梳理羽毛,由于减少以尾脂腺分泌物饰羽,因而羽毛污浊且无光泽。

（9）换羽推迟：一般鸟类换羽是7～9月,由于健康状况不良,换羽期推迟,且长新羽也缓慢。

（10）腹羽紧粘：病鸟的活动减少,常以腹部拖地而栖息,则腹羽粘湿粪或湿粉料而污浊,又因不爱沐浴,致使腹羽紧粘而板结。

（11）羽毛湿淋：因病鸟的尾脂腺分泌物减少,以嘴涂尾脂腺分泌物饰羽次数减少,则沐浴或被水湿淋后,羽毛抖动也不能脱水。

2. 常用药品

饲养观赏鸟,平时应做好环境清洁卫生与消毒工作,家里应备一些常用药品。

（1）甲醛（福尔马林）：杀菌力强,是鸟笼和笼舍的消毒剂,一般配成5%～10%的溶液,可用作表面消毒,也可与等量高锰酸钾混合,发烟熏房舍。

（2）石蜡油：这是滴注肛门或泄殖腔作润滑剂,以治便秘与助产卵作用。

（3）鱼肝油：含有维生素A、维生素D,治疗缺乏维生素A、D引起的疾病,预防软骨病,提高繁殖率。

（4）复合维生素B：能预防B族维生素缺乏引起的疾病，且有助消化与食欲。

（5）维生素B_1（盐酸硫胺素）：主治缺乏维生素B_1引起的神经炎、痉挛、胃肠弛缓及食欲减退等病。

（6）抗生素：应备常用的各种抗生素，以治疗肠炎、呼吸道感染等病症。

（7）酒精（75%）：作普通用具及养鸟者擦手消毒用。

（8）碘酒：对局部创伤有消毒作用，药效时间长，对蚊子叮咬引起的皮肤红肿发炎有疗效。

（9）紫药水：一般皮肤破或擦伤涂用。

 关鸟不如观鸟

观赏鸟类，古今中外一直有之，具有悠久历史。现代人到大自然中去观察、识别、欣赏鸟类，变得更为广泛，成为一种时髦、高尚、风雅的追求，特别风行于国外。如日本、英国各地都有爱鸟者协会，组织观赏鸟类活动。随着我国"爱鸟周"活动的开展，我国人民爱鸟之风日益浓厚，观赏鸟类常和旅游活动结合起来。如去云南滇池看红嘴鸥；去青海鸟岛看斑头雁；去山东荣成、上海崇明岛看天鹅；赴盐城滩涂、齐齐哈尔扎龙或鄱阳湖看鹤等。至于郊外游春观鸟，或者到公园、动物园观鸟更是寻常的事。

观鸟是观野生的鸟，户外观鸟亦是一种充满乐趣的健身休闲活动。人们为了观鸟而走出户外，亲近大自然、亲近鸟类，了解大自然，从而使人的生活变得更加充实、更加有意义。观鸟过程中边走边看鸟，抬头望远，对颈椎和眼睛都有好处。鸟是会飞的，为了观鸟，人也得随之活动，因此，对鸟观察的过程也是一种锻炼身体的过程，极利于人们的健康，尤其是老年人。

互动学习

1. 选择题：

（1）在笼鸟的饲养管理中，（　　）是重要的第一步。

    A. 喂食　　　　　　　　　　B. 日常观察

    C. 洗浴　　　　　　　　　　D. 修爪

（2）虎皮鹦鹉又名娇凤，属鹦形目、鹦鹉科，原产于（　　）。

    A. 非洲南部　　　　　　　　B. 亚洲南部

    C. 欧洲南部　　　　　　　　D. 澳大利亚南部

（3）人工育雏保暖箱温度应控制在（　　）以上，然后逐步降温。

    A. 15℃　　　　　　　　　　B. 25℃

    C. 33℃　　　　　　　　　　D. 42℃

2. 判断题：

（1）鸟特别喜欢水浴，对笼鸟也要每天供水让其水浴。（　　　）

（2）体形小的鸟都可以用密丝小笼饲养。（　　　）

（3）云雀是传统笼养鸟，现在可以随意交易和饲养。（　　　）

（4）人类驯鸽的最初目的在于观赏或通信，作为肉鸽食用则始于近代。（　　　）

（5）户外观鸟有利于身体健康。（　　　）

参考答案

1. 选择题：（1）B；（2）D；（3）C。

2. 判断题：（1）√；（2）×；（3）×；（4）√；（5）√。

第四章 家庭养狗

狗是大家十分熟悉的一种动物。狗与人类的关系由来已久。考古学家认为,在马、牛、羊、鸡、犬、猪这所谓的六畜之中,狗的驯养历史最为悠久。据考古发现和对狗骨骼的推算,野犬开始变为驯服的狗,可能在新石器时代的初期,也就是说人类豢养狗,至少已有1.2万年的历史了。

宠物狗

自从狗参与人类活动起,人们发现其嗅觉灵敏,忠实勇敢,具有追踪、防御、善战、助猎等能力,于是开始有意识、有目的地驯养,带它们出去狩猎、利用它们看家、训练它们当"检验员"和表演……随着人类社会的进步和生活质量的不断提高和改善,狗的品种越来越多,狗的用途也越来越广泛,家庭养狗尤其是老年人养狗,更多的是陪伴,给家庭生活带来乐趣与慰藉。

狗的特征与习性

> 狗的外形特征

不同品种的狗,在特征与特性上是有较大差异的,了解每个犬种的特征与特性以后,可以更好地选择自己所喜爱的狗。

1. 狗的大小

人们在选狗时,通常先考虑到其大小,主要从体高和体重两个指标考虑。测量各犬种的体高,通常以鬐甲部的高度为标准,即从颈背交接处至脚着地处之间的高度。目前国际上对狗体高的测量已有正式标准,如体重40千克以上、身高70厘米以上的为超大型犬;体重30~40千克、身高60~70厘米的为大型犬;体重10~30千克、身高40~60厘米的为中型犬;体重5~10千克、体高25~40厘米的为小型犬;体重4千克以下、体高25厘米以下的为超小型犬(或称微型犬)。

2. 狗的体毛

狗的另一个重要特征就是体毛。体毛主要包括形态和颜色两个方面。

(1)形态:根据体毛的有无、长短、卷直和软硬程度可以分为无毛犬、短毛犬、长毛犬、直毛犬、卷毛犬、刚毛犬和多毛犬等。

(2)颜色:狗的毛色因种而异,且丰富多彩,常见的有黑色、灰色、白色、褐色、红色、花青色,以及带有各种斑纹。

3. 狗的躯干

躯干是颈和四肢所依附的身体部分,有长、中、短之分,可以测量。

大多数狗的背部挺直,少数狗的背部稍拱。

4. 狗的头部

头部主要包括头骨、牙齿、鼻、眼睛和耳朵五个部分。

（1）头骨：狗的头骨大小和形状决定了其头部的大小和形状,有的狗头大、躯干小,被叫做"大头犬"；有的狗头小、躯干大,被叫做"小头犬"。

（2）牙齿：狗的牙齿数目是基本相同的,成年的狗有42或44颗牙齿：上颚有6颗切齿、2颗犬齿、8颗前臼齿和4颗（有时6颗）臼齿；下颚有6颗切齿、2颗犬齿、8颗前臼齿和6颗臼磨齿。幼犬断奶时有32颗牙齿；8月龄乳牙换成恒牙,有38个牙齿；1岁左右所有42颗恒牙长齐。牙齿是判断狗年龄的依据之一。

（3）鼻：狗的鼻子有长有短,有宽有窄,视品种而异,鼻内嗅神经极发达,嗅觉非常灵敏,能闻到距离400～500米远人的气味。短鼻的狗睡觉时易打鼾。健康的狗经常会用舌头去舔鼻子,鼻子是湿润微凉的。一旦狗鼻子干很可能是上火或生病了,如果还伴随拉稀、发烧的情况,需要赶紧送医诊治。

（4）眼睛：狗眼睛的形状和颜色因品种不同而异。在形状上,有的狗眼睛凸出,有的凹陷,有的是椭圆形,有的是圆形,有的是杏仁形。在颜色上,有的狗眼睛红色,有的近乎黑色,有的是深浅不同的褐色,有的是黄褐色等。

（5）耳朵：狗的耳朵形状各异,有直立耳、半直立耳、垂耳、半垂耳、蝙蝠耳、蝴蝶耳、纽扣耳、玫瑰耳等。此外,耳朵的大小、宽窄也不相同,覆盖其上的毛也有差异,有的狗耳朵上的毛需要进行修剪。

5. 四肢和尾巴

（1）四肢：有的狗四肢是匀称的,有的是不匀称的；有的狗后肢是直的,有的是明显弯曲的；有的狗四肢细长,有的则又短又粗。

（2）尾巴：狗的尾巴形态多样,有卷尾、镰尾、剑尾、刀尾、松鼠尾、钩状尾、螺旋尾、直立尾，旗状尾、獭尾，狼尾、狐尾等。尾巴可进行不同程度的修剪，有的甚至仅留尾基一小段。

➢ 狗的内在特点

1. 惊人的智力

狗具有相当发达的大脑、敏锐的观察力，能够领会人的语言、表情和各种手势，有时会做出令人惊叹的事情，如通过训练能计数和识字等。

狗的时间观念很强，如早上会按时叫主人起床，在喂食的时候会主动到达取食场所等。有不少牧羊犬，早上会准时催促主人一起驱赶羊群外出放牧，晚上会主动驱赶羊群回家。

狗的记忆力也相当惊人，不少狗对饲养过它的主人和住处记得一清二楚，甚至连主人的声音也牢记在脑中。

2. 丰富的情感

狗的情感相当丰富，其喜怒哀乐可以通过全身各部位的变化，毫不掩饰地表现出来。

（1）吠叫：吠声是狗的语言，有时是报警，有时是示威，有时是一种联络信号。不同吠声有不同的含意，如低沉怒吠代表恐惧，呜呜低吠代表痛苦，咆哮代表高度警惕，喷鼻息代表警告等。

（2）面部表情：狗善于察言观色，对主人的反应十分灵敏，而且会直率地表现出来。例如，主人高兴，它就摇头摆尾；主人生气，它就摆出一副可怜相；主人惩罚不当的时候，它会同主人闹别扭，发脾气。狗对熟人会显出一副和善的表情，而对陌生人则会显露出警惕的样貌。

（3）尾巴动作：这也是狗的一种"语言"，虽然不同类型的犬，其尾巴的形状和大小各异，但是尾巴的动作表达的意思是大致相同的。例如，尾巴翘起，表示喜悦；尾巴下垂，意味危险；尾巴不动，显示不安；尾巴夹起，说明害怕；水平地迅速摇动尾巴，象征友好。

狗的动作语言

（4）犬舔：犬舔是一种表达爱护、亲切、友好的方式。例如，主人情绪低落时，狗会轻舔主人的手或脸表示关心；主人受伤时，有的狗会轻舔主人的伤口表示担忧等。

3. 狗的睡眠

狗的睡眠与人睡觉一样，是为了恢复体力，保持健康。狗的睡眠时间比人长，一般每天需要14～15个小时，不过它们不是连续而是分几次睡觉的，包括白天打盹。狗在睡觉时，喜欢把吻部插在两只前肢下面，头朝向窝的入口或房间的门，这样既可以保护自己，又能够觉察外界的动静，一旦有情况发生能立即做出反应。成年的狗喜欢独自睡觉，而幼犬喜欢有同类的陪伴或是靠着多毛、柔软、暖和的东西睡。

4. 狗的寿命

狗的寿命通常为10～15年，最长寿的记录为32年。出生后2～5年是狗的壮年，约第7年开始出现衰老现象，第10年左右失去生殖能力。狗的寿命与品种及饲养条件等也有关系。一般来说，杂种犬比纯种犬长寿，小型犬比大型犬长寿，公犬比母犬长寿，室内饲养犬比室外养犬长寿，黑色犬比其他花色犬长寿。

 ## 宠物狗的选择与饲养

➤ 成犬与幼犬

1. 成犬

成犬生活能力强，尤其是经过专门训练的犬，具备了专门的技能。但是饲养成犬有不少缺点，如对原来的主人怀留恋之情，新主人要赢得它的忠诚和感情要花很大精力；一些成犬由于原来驯养不佳，已养成不良习惯，再要调教极其困难。所以一般人都想选择幼犬由自己养大,幼犬可塑性大,能够很快适应新环境,可与主人建立起牢固的友情,易于调教和训练。但幼犬独立生活能力差,开始饲养阶段要精心照料,需花较多的时间调教和训练。

2. 幼犬

选择幼犬颇有讲究,如果幼犬体质不佳,饲养就很困难。根据育犬家们的经验,挑选幼犬除了选定需要的品种外,还应该从多个方面进行筛选。

（1）以幼龄犬为佳,而且必须是彻底断奶的。一般幼犬在6～7周龄才能够彻底断奶,3周龄开始加些固体食物,所以最好选择超过8周龄的幼犬。

（2）每窝的幼犬数目不同,要从7只以下的犬窝中挑选,否则幼犬过多使母犬不可能供给足够乳汁,因营养不够而影响体质。

（3）如果幼犬的父母在场,可仔细观察它们的健康状况和神态表情。从遗传学上来说,这对挑选幼犬也很重要。

（4）在一窝幼犬中,不要挑选个小的、瘦弱的,如果强壮的幼犬已被选完,宁愿不选。

（5）除了一般猩类犬的天生拱背以外,其他犬种如有拱背的不宜挑选。

（6）认真检查幼犬是否得过什么病,或者是否有后遗症。幼犬的鼻子应是凉而潮湿的,否则也是一种疾病的表现。

（7）只会拣食其他幼犬吃食时落下的食物杂渣的幼犬,不宜选用。

（8）除了挑选体质强健的幼犬,还要看它是否充满生气和活力。

➢ 雌犬与雄犬

虽然犬的感情、忠实程度和性情,主要决定于犬的品种而不是犬的性别,但是在同一个品种中,雌雄犬之间在性格和训练上也是有差异的。一般来说,雌犬的性情比较温顺、敏感、聪明、易于调教,在训练上比较容易取得成功,如果要陪伴孩子玩耍可选雌犬,但是雌犬每年两次的怀孕产仔期会增添不少麻烦,所以,有人喜欢经绝育后的犬。雄犬性情刚毅,吵闹暴躁,容易冲动,活泼好斗,所以训练时间要比雌犬长,不过某些训练确实需要雄犬强壮的体魄。因此,选择雌犬还是雄犬,要视个人的爱好和驯养能力而定。

> ➤ **纯种犬与杂交犬**

1. 纯种犬

纯种犬是指同种的纯种狗的后代并且符合犬种协会对于此种狗的定义。纯种犬经由世界犬业协会登记拥有血统证明,血统证明凭出生纸无偿申请换发。

优点:外貌与性格稳定。后代可以稳定地遗传其亲代的所有特征,包括体型、耳朵、毛色等。

缺点:为了保持品种纯正,很多纯种犬是近亲繁殖的产物,会导致狗本身出现基因缺陷。纯种犬身体素质要比杂交犬差,感染传染病的概率也要比杂交犬高得多,而且治愈率较低。纯种犬比杂交犬更容易出现行为和情绪上的失调。

2. 杂交犬

杂交犬是指由不同品种的狗杂交而成的品种。杂交犬的品种可能成为新的认证的犬种从而变成纯种犬。

优点:杂交犬比较容易喂养,抵御各种疾病、适应力都比纯种犬强。

缺点:狗的外形不如纯种犬,容易变异,鲜有卓越的才能。繁殖出的幼狗,其价值也不高。

如养狗是以繁殖或参展为目的,那么应该饲养纯种狗,但花费较为昂贵。如果只是想要一条身体健康的狗陪伴在身边,那么杂交犬也是不错的选择。

➤ 选择时的各种检查

在选择狗的品种、大小、雌雄的同时，也要着重检查被选犬的健康状况。

（1）一条健康的狗，应该是精神振奋，活泼好动，反应敏锐，乐于同人嬉戏；而有病的狗，常常精神沉郁，萎靡不振，对外来刺激反应迟缓，或是对周围的事物过于敏感，惊慌不安，盲目狂奔乱闯。

（2）一条健康的狗，眼结膜呈粉红色，眼睛明亮而不流泪，无分泌物；鼻尖湿润，发凉，无浆液性或脓性分泌物；口腔清洁湿润，黏膜呈粉红色，舌头鲜红色，没有舌苔和口臭，牙齿洁白无缺齿；皮肤柔软富有弹性，手感温和，体毛有光泽；肛门紧缩，周围清洁无异物。

➤ 养狗前的准备

在开始养狗之前，应该把犬舍、饮具和食具，洗刷用具、颈圈等都准备妥当，以免把狗带回后弄得手忙脚乱。

1. 犬舍

犬舍具有保护犬免受外界条件（冷热和不良天气等）影响的作用，使狗能安静休息。要在室内安置犬舍，可用一只足够大的硬纸箱、木板箱，或准备专用的狗笼、狗窝，底部垫些旧衣、旧毯子等，让狗能安身休息和睡眠。铺垫物不要用易被犬撕破的棉垫和羽毛垫，要经常更换，或洗净晒干再用，要定期打扫和消毒犬舍。犬舍一定要保障空气流通。

2. 饮具和食具

狗的饮具和食具要分开，可选用铝、不锈钢或塑料等不易破碎和生锈的材料制成的器皿。

饮具和食具要求底重、边厚，防止狗饮水和进食时打翻。饮具和食具表面要光滑，容易洗刷，大小与深浅可以根据狗的吻部大小、长短及其食量而定。

3. 洗漱用具

对犬舍和饮具、食具，可用棕毛刷洗刷，以清除污物。为了使狗保持整洁美观，必须经常给狗梳理体毛，如果养的是短毛犬或细毛犬，可用密齿梳，对长毛犬或粗毛犬，可用疏齿梳。

4. 颈圈和玩具

为了便于外出牵领和控制狗，必须让狗从小就养成带项圈的习惯。项圈一般用皮制或布制，松紧要适中，而且要随着狗的生长及时调换或改制。外出散步时，必须给狗拴上牵引带，以免乱跑发生危险，或给他人造成不便。

通常幼犬与儿童一样喜欢玩具，可以准备皮球、短木棒之类的玩具。需要注意的是，易碎、有毛、能吞下的物品不能作为狗的玩具，以免误食。

➤ 狗的饲养

1. 充足的营养物质

狗的饲料中应含有蛋白质、脂肪、碳水化合物、无机盐、水和维生素等成分，以补充机体内物质的消耗，为活动提供能量。

2. 狗粮的选择

（1）看：好的狗粮表面没有过多的油分，质地紧密。

（2）闻：好的狗粮味道比较淡，是自然的食物气味。

（3）尝：好的狗粮嚼在嘴里没有异味，嚼起来比较脆，容易嚼碎。

（4）观察粪便：经常吃好的狗粮，狗的粪便不软不硬，成型较好，偶有一定光泽。

（5）口味：狗粮一般分为三大类，白肉类如鸡肉、鸭肉等禽类肉；

红肉类如牛肉、羊肉等畜肉类,鱼肉类如三文鱼、鳟鱼、鲭鱼等鱼类肉。白肉类狗粮吃后不容易上火,更容易吸收,但热量较低;红肉类营养含量高,适合狗狗增重,但不作用于毛发;鱼肉类对毛发有较好的作用,但对鱼类过敏的狗慎用。

人类的食物往往含较多糖、盐、油,并不适合给狗吃,否则可能造成偏食,甚至引发消化系统及肾脏疾病。在领犬回家时,可向原主人索要一些原来食用的狗粮,然后逐步过渡到新的狗粮。

3. 狗的饲喂

(1)定时、定量、定食具和定场所:狗和人吃饭一样,每天饲喂的时间要固定,不能提前或拖后,可以使狗建立起条件反射,到喂食时,其胃液分泌和胃肠蠕动就有规律地加强,促进食欲,对消化吸收大有好处。对一般成犬来说,每天早、晚各喂一次就可以了,根据狗的习性,晚上可以多喂一些。每天喂狗的饲料量要相对稳定,不能时多时少,严防暴食或吃不饱。

狗进食要固定用一只食盆,让其尽量吃得慢一些,饲喂的场所也要相对固定,如果经常更换,犬会拒食或引起食欲下降。

(2)幼犬的饲喂:犬龄在3个月之内的幼犬,每天要喂四餐——早餐、午餐、茶点和晚餐,因为它们无法一次把所有的食物消化完全,所以要"少食多餐"。

➤ 犬身清洁

1. 梳刷体毛

梳理体毛的用具包括木梳、毛刷或棕刷、毛巾。梳理的方法可先用梳子由颈部开始,自前向后,由上而下依次将犬毛梳开,然后依次梳背、胸、腰、腹、后躯,再梳头部,最后是四肢和尾部,以顺毛梳为主,逆毛梳为辅,两者可结合进行。梳理体毛时,可以边梳边用毛刷或棕刷将污物刷落,然后用毛巾摩擦全身。梳刷体毛除了清洁犬体之外,对狗的皮肤也是一种刺激,可促进血液循环,增强抵抗力,更有利于增进人与犬的亲密度。

梳刷体毛时要耐心,不能粗心大意而使犬感到疼痛,更不能损伤犬的皮肤。此外,绝不能在喂食中给犬梳刷,以免使犬消化不良。

2. 洗澡

狗的洗澡次数,应该根据季节、污染情况和设备条件来决定,通常夏季比其他季节要多洗几次,在容易使犬体污染的环境中要多洗几次。

夏季气温高,可在室外用水冲洗。狗在下水以前,必须让其处于平静的状态,不能采用强硬手段,以免引起犬的被动防御反应,必须用诱导的方法,先使狗在水中嬉戏,再逐渐为其清洁。

气温低时,应在室内给狗洗澡。室内的温度和水的温度要与狗的体温大致相同,并在水中混入1%的消毒药水。

洗完后要迅速用毛巾将狗的体毛擦干,或用电吹风吹干,以防感冒,然后再梳理体毛。

➤ **适当的运动**

狗是一种爱动而不爱静的动物,使狗适当运动,可以增强狗的体质,调节狗的神经活动,增强持久力和敏捷性,而且还能促进人和狗的亲密关系。一般来说,狗的运动应在早、晚进行,因为早晨空气新鲜、凉爽,晚上环境安静、干扰少。狗的运动因品种、年龄、个体差异而有所不同,通常每天2次,每次30分钟比较适宜。夏天运动量可小些,冬天则可增加。常见的运动方式包括与狗做游戏、带狗外出散步等。

 宠物狗的繁殖

狗的性成熟时间,受到品种、产地、气候、环境以及饲养条件等各种因素的影响,即使是同一品种的狗,由于个体差异,所处环境不同和饲养管理条件不一,它们的性成熟时间也不相同。一般认为幼犬出生后,8～12月龄就会性成熟。据各地报道,小型犬性成熟较早,中型犬其次,大型犬较晚。据育犬家实践,最佳的生育时间是大型犬在24月龄以后,中、小型犬在18月龄以后。

对于家庭养犬来说,如不准备繁殖,需要给犬做绝育。绝育可以免除狗狗因发情造成对自己或他人的困扰,避免某些生殖系统疾病的发生。犬的绝育手术大多在5～6月龄做比较合适,等到性成熟后再进行手术出血会比较多。

 宠物狗的常见品种

据国际育犬场的统计,目前世界上宠物狗的品种已达300多种。它们大小不一,面貌和毛色各不相同。

按照动物分类学定位,犬属于脊索动物门,脊椎动物亚门,哺乳纲,真兽亚纲,食肉目,犬科,犬种。

目前世界上对犬种进行客观的分类尚无统一标准,所以出现了许多分类方法。国际上通用的方法是按用途分为猎鸟犬、猎兽犬、作业犬、待猎犬、牧羊犬、玩赏犬、其他七类;还可以根据犬的大小,分为大型犬,中型犬,小型犬、超小型犬四种类型。

在此我们介绍几种适于老年人饲养的中小型玩赏犬。

1.约克夏狸

起源:约克夏狸与吉娃娃犬并称为世界上两种最小型的犬。18世纪末期,英国东北部约克郡矿区鼠满为患,矿工们终日疲于奔命应付,为了一举消灭矿厂的老鼠,人们培育出身手矫健的约克夏狸,由它来担任捕鼠重任。

特征:体高20～23厘米,体重3.5千克以下;头部小而平,吻部不伸长，鼻尖黑色；耳朵小，呈V形，竖立或半直耳；眼睛黑色，眼睑有黑边，灵活而富有光泽；尾巴在出生后3个月内就修剪掉一半，使它能高擎于背部。幼狸体毛几乎呈黑色，3～5月龄时，毛根开始变成蓝色，到了18月龄，体毛变为固定颜色，从头后延伸到尾

约克夏狸

部，呈铁青色，头部、胸部和四肢为金黄色或褐色，尤其是头部饰毛长得能掩盖住五官，躯体下垂的被毛也使人们见不到它的四肢。体毛质量很好，不但长、直，而且丰厚呈绸缎状，从不卷曲，也没有毛绒束。

品质：个儿小，身体强壮有力，外表美观，且勇敢、聪明、活泼、热情、警觉和忠诚。对主人十分亲近，而对陌生人则退避三舍，可是见了大型动物毫不惧怕。

2. 吉娃娃

起源：吉娃娃起源于墨西哥，是一种相当古老的犬种，它的名字是根据墨西哥吉娃娃州的名称命名的。在有些资料中，也提到它是中国犬种，但尚未得到证实。

特征：体高16～22厘米，体重0.9～2.6千克，不仅是玩赏犬中的袖珍型犬，也是世界有名的小型犬之一。其头部呈苹果状，耳朵为直立耳，眼圆而呈黑色，尾巴是稍卷的剑状尾，体毛有短毛和卷毛（或称长毛）两种，大部分是淡褐色、沙色、栗色、银色及浅蓝色的单一色，也有多种毛色混杂的色彩。

吉娃娃

品质：勇敢，活泼，伶俐，忠心，但有点狂妄自大，会对突如其来的逗玩表示厌恶。它个儿虽然极小，但却精悍十足，有些专家认为它是凶猛的小型犬。

3. 比熊犬

起源：原产地是法国，在15世纪时，由马耳他犬血系所繁殖产生的新血统。它的种名"Bichon"为法语，意思是"可爱""小宝贝"。

特征：体高不超过30厘米，体重为3～5千克，吻部短俏，耳朵下垂，眼睛圆而灵活，尾巴稍上扬呈放射状；体毛柔细，长7～10厘米，闪白色光泽，有时会夹杂着棕色和灰色的斑纹。

品质：姿态优雅，勇敢，活泼，高贵，聪明而富有爱心，但性格很倔强。

比熊犬

4. 博美犬

起源：博美犬的名字来自德国东北部的地名"博美拉尼亚"，因此一般认为它的起源地是欧洲中部。然而，事实上它属于斯必兹家族的一份子，也就是说博美犬真正的起源地是在北极圈一带。

特征：博美犬是一种相当精致的小型犬，体高不超过30厘米，体重不足5千克。它的楔形头部略似狐狸，吻部较大稍上翘，耳朵小而直立，眼睛呈杏仁状，尾巴被毛上卷似乎要与头部相连。体毛粗厚

博美犬

而长,有白色、红色、橘色、黑色及灰色。

品质:性情活泼,时时露着一副笑脸悦人的俊俏模样,对主人能很好地服从,看到陌生人会不停地吠叫,较为敏感。

5. 贵宾犬

起源:法国的长卷毛犬、匈牙利的水猎犬、葡萄牙水犬、爱尔兰水犬、西班牙猎犬,甚至马尔济斯犬,都有可能是贵宾犬的祖先。贵宾犬的法语名字意即"水鸭子",它本来是法国人用于水中作业的

贵宾犬

猎犬。到了18世纪,贵宾犬离开了沼泽地生活,以其更小的体型进入时髦的客厅,甚至进入路易十六世的王宫,在第二帝国时期它又风靡一时,于是开始被修饰成小狮子模样,并配以缎带和蝴蝶结等饰物。它一直被认为是法国的国犬。泰迪只是贵宾犬的别称。

特征:贵宾犬有三种体型,标准贵宾犬体高约38厘米、体重约22千克;迷你贵宾犬(或称小型贵宾犬)体高25～38厘米、体重约12千克;玩具贵宾犬体高在25厘米以下、体重7千克以下。贵宾犬头部形状特殊,成直线条(面颊平坦,吻部长直而纤细);鼻子颜色有黑、白、蓝、灰、银五种;耳朵为饰毛密布的长垂耳;眼睛椭圆形,常为暗色,稍有斜视;尾巴是剑状尾,但需断尾1/2或1/3,体毛长、卷曲、丰厚,质柔软似羊毛;毛色有黑、白、乳白、褐、银和杏黄六种颜色。

品质:贵宾犬十分聪明,警觉性高,活泼开朗,勇敢,而且极善学习,易训练。

6. 柯基犬

起源:柯基犬是威尔士当地的土犬,分为卡迪根品种及彭布罗克品种,就其历史来说,卡迪根品种较为古老,而且也是英国犬种中最

柯基犬

古老的。英国女王伊丽莎白二世对柯基犬情有独钟,72年间亲自喂养了30多只柯基犬。1930年,西尔玛·伊万斯小姐发起并成立了罗扎维尔养犬人俱乐部,这个俱乐部改良了彭布罗克品种的形体,并开始使这种犬得以普及。

特征:体高25~30厘米,体重8~11千克。该犬腿短,尾巴也短得几乎看不见。容易褪毛,毛色有淡黄色短毛,金色短毛,红色短毛,黄褐色和白色短毛。

品质:勇敢,警觉,活跃,聪明,爱注意主人的行动,常表现出怀疑的神态。

7. 法国斗牛犬

起源:法国斗牛犬真正起源于一种小的斗牛犬,后混入了英国斗牛犬的血统,并经过法国人的精心培育,才演变成今天的模样。著名的美国报界人士詹姆斯戈登·贝内特,为法国斗牛犬的饲养者们建立了"戈登贝内特奖金",结果打开了此犬去美国的通道,然后又在英国出现,爱德华七世也曾珍养过此犬。

特征:体高约30厘米,体重8~14千克;头部粗大呈方形,吻部宽,鼻子短,唇厚不垂涎,耳朵形状似蝙蝠,圆而大,四肢强壮有力,尾巴断尾后微微下垂,体毛浓密、平滑、有光泽,毛色为黑色、虎斑、黑白斑纹、金白色、棕色。

品质:性情温顺、驯服,忠于主人,爱与人做伴,机警,勇敢,对

法国斗牛犬

新环境适应能力很强,力气较大。

8. 比格尔猎犬

起源:比格尔猎犬又称小猎兔犬,大约于1570年出现在英国。它体形精致短小,是英国最小的一种猎犬。该犬犬群的叫声和谐,因而有"歌唱的比格尔"之称。15～16世纪,比格尔猎犬特别受伊丽莎白女王喜爱,当时贵族们纷纷效仿,

比格尔猎犬

这一犬种的发展在这个时期达到顶峰。此犬的祖先很可能是由猎兔犬和古代英格兰猎犬两种血统交配而来的。

特征:体高33～41厘米,体重8～14千克;头部虽不大,但引人注目;吻部直而有力,颈部有少许垂肉;耳朵较长,下垂,紧贴两颊;眼睛凹凸适中,颜色介于褐色、栗色之间,富有感情;尾巴坚挺上扬,为直立的剑状尾;体毛可分为平滑细密和粗糙两类,毛色有黑色、蓝黄、白色、茶色,或三色交错搭配的杂色。

品质:体格强健结实,反应快,动作敏捷,意志坚强,警觉性高,温顺,吠声相当悦耳。

柴犬

9. 柴犬

起源:在日本犬类中,柴犬可能是最小的犬种了,早期是穿梭在深山林间的机灵狩猎犬,它体型小巧,体毛颜色如木柴,因此而得名。柴犬是一种很古老的犬种,它的原始祖先是中国的松狮犬与日本土产的九州犬交配繁殖产生的。

特征：体高35～41厘米，体重约20千克；头部的前额很宽，吻部尖细突出，颈索粗壮有力，耳朵是略呈三角形的小直立耳，眼睛也呈小三角形，尾巴粗壮而向背上卷曲；体毛虽短，但茂密厚实，毛质刚直粗硬；毛色有椒盐色、红椒色、黑椒色、黑色、虎色及白色。

品质：柴犬被人类长期驯养，形成了忠实、服从、忍耐的性格。

10. 雪纳瑞犬

起源：雪纳瑞犬产于德国南部的巴伐利亚及乌腾姆堡，是古㹴犬的后代，1905年首次引入美国，养犬人于1925年为其创建雪纳瑞犬俱乐部。

特征：体高46～48厘米，体重约10千克；头部很长，吻部强壮，鼻

子较窄，耳朵直立稍向前倾，眼睛呈椭圆形；尾巴原来是直立尾，但常被断尾；体毛硬而粗糙，眉毛和吻部的饰毛很长；毛色常为椒盐色。

品质：体质强健，聪明爱玩，忠于主人，善与孩子相处，对陌生人常抱有猜疑之心。

雪纳瑞犬

宠物狗的疫苗接种

狗与人类一样，也会时常受到各种疾病的侵袭，让爱犬更健康地成长，预防各种疾病，最基本的方法就是接种疫苗。现在已经广泛应用的疫苗有"六联疫苗"与"狂犬疫苗"等。

接种疫苗前，要确保狗没有与病犬接触的历史，体温不超过38.5℃（幼犬不超过39℃），鼻湿而凉，无眼屎，不呕吐也不拉稀。接种疫苗后10天内严禁给狗洗澡。

宠物狗的行为训练

作为一条伴侣犬，必须学会怎样在室内生活，其举止行为应该像一个受到良好教育的孩子一样，通过训练能懂得可以做什么，不可以做什么，这样才能很好地伴随在人的身边，而不是给主人带来麻烦和困扰。

狗的行为有非条件反射和条件反射两种，前者是先天性的，生下来就有的一种本能反射，如幼犬生下就会吮奶、呼吸、排便和自卫等，这也是建立条件反射的基础；后者是后天获得的，是狗在生活中逐渐形成的。我们训练狗，使之学会各种技能的过程就是形成条件反射的过程。不过，这两种条件反射都需要有刺激，包括非条件刺激和条件刺激，这两种刺激结合使用，可以使条件反射强化。

1. 机械刺激法

这是一种利用机械的方法，迫使狗做一定的动作。例如，带狗外出时，为了不让狗乱走乱跑，主人给狗带上牵引带，控制狗的行为，这种机械刺激，可以迫使狗形成与人随行的习惯。

2. 食物刺激法

这种方法是用食物来刺激犬做出一定动作的方法，在实际应用上非常重要，还可以用来巩固和强化已经建立起来的条件反射。例如，我们叫狗的名字，它会跑向你的身边，每次狗跑回来，就给它适当的食物奖励，这样可以强化这一条件反射，下次它一听到你的呼唤就会马上跑过来。

3. 机械刺激与奖励刺激相结合的方法

这种相结合的方法在狗的训练过程中最为常用。例如，你带狗到固定的地方去排便,这是机械刺激,是强迫性的;但狗这样做了,就得给狗奖励,给它好的食物或进行抚摸,使狗懂得主人要求自己这样做,鼓励它继续这样做,并巩固这一动作。

在提倡动物福利的当代,对动物的行为训练只使用正强化训练法,即只奖励对的行为,以使这些行为得到进一步加强,而不再使用通过惩罚削减不当行为的负强化训练方式。

通过行为训练,可以让狗养成定点排便、规律饮食的好习惯,可以根据人的指令,做出前来、随行、坐下、衔回、禁止等动作,为照顾狗带来不少便利。

 ## 做负责任的宠物主人

作为宠物狗的主人,不但需要照料其日常起居,也要对它的行为加以规范,使其能够更好地融入人类社会。

1. 对社会负责

做文明的宠物狗主人,应遵守城市管理条例,维护社区环境卫生,尊重非饲养宠物居民的权益。

(1)为宠物狗进行注册,并办理《养犬许可证》。

(2)带宠物狗外出时,建议使用颈圈和牵引带进行适当的约束。

(3)带宠物狗外出时,随身携带垃圾袋和铲子,及时处理其粪便。

(4)给予宠物犬适当的行为训练,避免胡乱吠叫或咬人。

2. 对宠物狗的健康负责

要了解宠物狗的生活习性,进行科学合理的饲养和训练,预防疾病的发生,防止疾病传播。

(1)用营养均衡的食物喂养,准备充足干净的饮用水。

(2)为宠物狗准备狗窝,食盘保持清洁并单独放置。

（3）定期为宠物狗进行清洁护理。

（4）给予宠物狗足够的运动量。

（5）定期为宠物狗进行疫苗注射。

（6）当宠物狗生病时，及时带它到兽医院就诊。

 互动学习

1.选择题：

（1）现代家庭养狗的用途更多的是为了（　　）。

　　A. 狩猎　　　　　　　　B. 看家

　　C. 陪伴　　　　　　　　D. 表演

（2）狗尾巴水平地迅速摇动，象征（　　）。

　　A. 恐惧　　　　　　　　B. 危险

　　C. 友好　　　　　　　　D. 兴奋

（3）领狗回家之前，要准备好以下器具（　　）。

　　A. 狗窝　　　　　　　　B. 食盆和水盆

　　C. 颈圈和牵引绳　　　　D. 以上都是

2.判断题：

（1）体重5～10千克、体高25～40厘米的为超小型犬。（　　）

（2）泰迪犬是贵宾犬的一个别称。（　　）

（3）人类的食物狗都能吃。（　　）

（4）狗喜欢叫是正常现象，不用训练和约束。（　　）

（5）负责任的主人要定期为宠物狗进行疫苗注射。（　　）

参考答案

1.选择题：（1）C;（2）C;（3）D。

2.判断题：（1）√;（2）√;（3）×;（4）×;（5）√。

第五章 家庭养猫

 简明学习

　　猫小巧玲珑，善解人意。家中养一只猫，在生活之余，动手喂猫、逗猫，仔细观察猫的行动坐卧、喜怒哀乐，能给人带来活力和希望，增添生活的乐趣。

　　可爱的猫使人赏心悦目，可以忘记不愉快和疾病。据美国宾州学院"动物与社会研究中心"的研究人员费里特曼在费城等几个大城市的实验观察证明，一年中没有养猫做伴的冠心病患者死亡率高达28.2%，而养猫做伴的冠心病患者死亡率仅为5.6%。

 猫的特性

　　猫是人们十分喜爱的一种动物，家庭饲养也很普及。

　　猫的性格倔强，不宜驯服，有很强的自尊心，如果主人的命令不合它的心意，它连理都不理。猫喜爱自由的生活，除发情期以外，很少三五成群待在一起。猫活泼好动，好奇心很强，小猫更是对任何事物都感到新鲜。猫很活跃，在主人的逗引下，常常可做出许多有趣的动作。

猫的适应性很强，地球上凡有人居住的地方，都有猫的存在。成年猫在每年的春夏和秋冬交配之际，各换一次毛，以适应气候的变化。猫喜欢温暖向阳的地方、明亮干燥的环境，它是一种喜暖动物，虽然身披皮毛，但是很怕冷。

猫很讲卫生，经常梳理自己的体毛，它不随地大、小便，会选择黑暗的角落和有土灰的地方拉屎、撒尿，便后还会立即将大、小便掩埋好。猫很怕水，即使走路遇到水坑时，它也要绕道而行，或者跳过去。

猫生性聪敏，记忆力和辨别力极强。在一项关于寻找食物的测试中，猫的短期记忆持续了16小时，而狗只有5分钟。猫的长期记忆力更强，许多养猫的人会发现自己离家几个月或一年以上，回来后家里的猫还能认得出自己。

猫是一种夜行动物，家猫也仍旧保持着昼伏夜出的习性，交配求偶活动也常在夜间进行。猫不太喜欢叫，除了求偶和搏斗之外，只有在有求于主人的时候，才会发出"喵喵"的叫声，这时是主人与猫打交道的最好时机。

猫最喜欢人们用手挠它的下巴，只要一挠它马上会变得俯首帖耳，但是猫十分厌烦人们挠它的尾巴根部，假如这样做，它便会跑开，或者扑过来用爪抓人。

 宠物猫的选择

1. 小猫与大猫

小猫（未成年的猫）非常讨人喜爱，容易适应新的家庭和新的主人。但小猫需要更多的照料，如要训练它在何处大小便，要按时喂食等，如果得病，护理也要比大猫麻烦得多。大猫（成年的猫）不需要过多的照顾，但较难适应新的环境。如果时间较充裕，可以选择饲养小猫，从小驯养，情感上也能更加亲近。

2. 公猫与母猫

公猫的成长较快,出生一年便性成熟,且对主人很热情、友好,会毫不犹豫地跳到主人身上。但公猫富有"冒险精神",喜欢在外游玩。在发情期,公猫为追求母猫,会在夜间大声叫唤,可能会惊扰邻居。母猫胆子比较小,接近人时常常显得很警惕,即使面对主人,有时也会表现得犹豫不决。

3. 长毛猫与短毛猫

长毛猫性格较温顺、机警怯懦;食量小,比较挑食;喜欢与熟人亲近。但饲养长毛猫需要花较多时间为其梳理毛发、保持干燥。短毛猫的性格相对强硬,食性很杂,不喜欢主动依附于人类,善攀能爬,捕鼠的本领也要比长毛猫强。

4. 选购要点

如果要从市场上购买一只猫,要注意辨别什么样的猫是一只好猫:

(1)用手抓住猫的后脖子皮,猫缩成一团后应该能够迅速恢复原状。

(2)体形似狐,面貌似虎,全身被毛均匀、密而蓬松,且富有光泽;腹部紧缩,脊背平直,四肢粗壮有力,尾巴的长度与拉直的后腿几乎相等;眼大明亮有神,耳朵短,须直硬,鼻端湿润。

(3)口腔呈淡红色,口内的上天棚棱道多,牙齿小、整齐而锋利。

(4)前肢挺直有力,后肢从后面看上去端正直立,前后肢呈平行状态为好。爪子排列紧密,均匀且较圆。

(5)叫声清亮,但不轻易乱叫。有人触摸其身体时,可能会发出"呼呼"的警告声。

宠物猫的饲养

➤ **养猫的注意事项**

1. 培养感情

猫的自尊心很强，不要指望猫会一直顺从地听从命令；猫很敏感，对它的态度要温和，不能任意训斥和打骂，如果它犯错可以适当地训斥。要想得到一只猫的信任和友谊，并非一件容易的事，要有耐心，让猫逐渐产生好感。

2. 清洁卫生

猫舍要经常打扫，铺垫物要经常晾晒和更换，食具要经常洗刷和消毒，同时要注意人自身的卫生情况。不要总是抱着猫，最好不要让猫钻被窝，如果猫身上有蚤、虱等寄生虫，或者感染皮肤病，很容易传染给人。

3. 安全保障

猫的运动能力强，尤其是跳跃，因此家中一定要采取安全措施，以防发生意外。例如，不需要的空玻璃瓶、空罐头要扔掉；盛颜料、油漆的盒子要盖紧；使用杀虫剂和灭鼠药等之前一定要看清说明书，保证家中的猫不会因误食而受到伤害。住在楼上的居民窗户上最好装上纱窗，以防猫跳出窗外而坠落。

➤ **养猫用具**

1. 猫窝

可以用塑料盆、篮子、硬纸箱等作猫窝，猫窝不用太大，猫在里边能伸直腿就可以了。猫窝底部要铺上旧毛巾、被单等，冬天要铺棉垫。

猫很警觉,所以猫窝的一侧应低一些,使猫卧在窝内就能观察到外边的动静,同时也方便其出入。猫窝要放在干燥、通风、僻静的地方。如果家中养的猫比较多,可以为它们建个猫舍。

2. 食盆与水碗

猫不习惯在深的容器内采食,因此食盆应选用非常浅的盘子等容器。水碗最好选用底重、边厚的瓷碗或不锈钢碗,以防止被猫踏翻。

3. 便盆

宜选用易洗、不易吸收臭味、不易破损的材料做的便盆。便盆的底部要铺5厘米厚的猫砂,以消除猫尿的臊味。便盘要保持清洁,及时更换猫砂,可以用热水和肥皂清洗,一星期至少洗一次。

4. 旅行箱

这是一种装猫的运输工具,不用特别讲究,只要猫在里边能舒适地躺卧即可。带猫去看病或外出旅游时,用旅行箱携带更方便。旅行箱要通风,四周要有通气孔,使用时要在箱底垫一块毛巾。

5. 玩具

猫喜欢圆形的玩具,如皮球、线球、气球等;猫还喜欢五彩缤纷的和能动的玩具,如彩色的纸条、布条,逗猫棒等。此外,能吱吱叫的橡皮老鼠、能蹦跳的铁皮青蛙等也都是猫喜欢的玩具。

➤ 给猫洗澡

猫生来爱清洁,但不喜欢水,所以通常不愿洗澡。一般情况下其实不用给猫洗澡,但如果猫身上特别脏,那就一定要洗。洗澡前,要准备好一些必备的用具,如洗澡盆、专用沐浴露(对皮肤无刺激性)、梳子、刷子、脱脂棉棒、眼药膏、毛巾、吹风机等。

先在澡盆中放适量的温水,水温一般以30～50℃为宜,水量以不淹没猫为宜。随后用一只手轻轻抓住猫的后颈脊,另一手托住其后腿,缓缓放入澡盆,伸直胳膊,让猫的后背对着你,以免猫反抗时被抓伤。

洗澡的动作要轻巧、迅速,但不可操之过急,可用水略微沾湿其毛发,让它逐渐适应后,再开始洗。洗澡时要按头部、后颈、背尾、后胸腹部、四肢的顺序,先倒上几滴沐浴露,揉擦产生泡沫,再用温水彻底冲洗干净。整个过程中最好不要溅起水花、不要使用花洒,以免使猫受到惊吓。洗完之后用一条干净的毛巾尽量把猫擦干,长毛猫不宜用毛巾搓擦,最好用吹风机一边梳理一边吹干。

➤ 梳理毛发

猫会用自己的舌头梳理身上的被毛,但是猫在梳理被毛时,常会将脱落的毛勾入嘴内而吞咽下肚,可能会引发毛球症。因此,家养的猫最好能经常梳理,及时清理落毛,防止毛球症的发生。

此外,长毛猫的被毛很容易弄脏并纠缠在一起,给体外寄生虫制造有利的繁殖环境,引起皮肤病。因此,经常给猫梳理被毛,既能保持毛的清洁美观,又可防止皮肤病的发生,有利于猫的健康成长。

给猫梳理被毛要定期进行,一般短毛猫3～5天梳理一次,长毛猫最好每天梳理一次。梳理时要按一定的顺序,可以从脸部开始,其后是四肢、胸部、背部、腹部,要顺着被毛的方向轻轻梳理,梳子不要划到皮肤。每次梳理完之后,梳子或其他用具要立即清洗,并进行消毒。

➤ 给猫剪爪

猫的前脚有5个脚趾,后脚有4个脚趾,每个脚趾上都长有带钩的尖爪,十分锐利。家养的宠物猫应定期修剪尖爪,一般一个月一次,以免抓伤人、抓破衣物或抓坏家具。给猫修剪趾爪的方法很简单:把猫抱在腿上,用左手轻轻抓住猫的一只脚,以拇指和食指捏紧猫爪,右手

持剪刀,将前端透明的角质部分剪掉,剪好后,最好用砂布磨光。

 宠物猫的繁育

> **性成熟**

猫出生后6～8个月,就可达到性成熟,这时公猫的睾丸能产生精子,母猫的卵巢能排卵,并出现周期性发情表现,但此时猫的身体还尚未发育成熟,如果配种繁殖,对母猫和后代都不利。母猫身体成熟要比公猫稍早一些,10～12个月时就可配种;公猫出生一年后方可配种。母猫性成熟后,每隔20～28天发情一次,发情期持续3～7天,要求交配的时间一般连续2～3天。

> **猫的绝育**

母猫发情时,会连续不断地发出叫声,声音大而粗,令人厌烦。公猫发情时更加不安稳,喜欢四处游荡,并且好斗。家庭养猫如果不是以繁殖为目的,建议对猫施行绝育手术。公猫绝育之后,会变得温和可爱,更容易与人相处;母猫绝育之后会变得更加温顺。猫的繁殖力很强,给猫做绝育也避免产生计划外的小猫。猫的绝育手术虽然不甚复杂,但还是请专业的兽医师进行手术为好。

 宠物猫的常见品种

> **猫的分类**

猫在动物学分类上只有一个种,即食肉目猫科猫种。但从饲养的角度,猫可分为许多种类,通常会先把猫分为纯种猫和杂种猫。纯种猫是为获得某种特性,由人工定向繁殖的,有固定的体态特征和毛色,遗传性较稳定,如波斯猫、暹罗猫等。饲养纯种猫一般要建立血统卡片,上面记载猫的品种、名字、性别、毛色、眼睛颜色、出生日期,猫的父母、祖父母、曾祖父母、玄祖父母、繁殖者等。杂种猫是由不同品种的猫随机交配产生的,体态、毛色不固定,其后代遗传性也不稳定。对于纯种猫,人们又根据其毛的长度分为长毛猫和短毛猫。

> 世界著名猫种

1. 波斯猫

这是十分常见的长毛猫,以阿富汗的土种长毛猫和土耳其的安哥拉长毛猫为基础,在英国经过100多年的选种繁殖,于1860年诞生的一个品种。波斯猫有讨人喜爱的面庞,长而华丽的被毛,优雅

波斯猫

的举止,故有"猫中王子""王妃"之称。波斯猫是典型的长毛猫,脖子和后背上有长长的鬛毛,被毛有多种颜色,大致可分为5个类型:全一色、渐变色、烟色、斑纹和多色。波斯猫的脑袋大而圆,一对圆而小的耳朵微微前倾,鼻子又短又扁;躯干不长,却很宽,从肩部至臀部呈方形;尾巴和四肢粗短,爪子大。全白波斯猫的眼睛是"鸳鸯眼",一只为蓝眼,另一只为黄眼。波斯猫天资聪明,反应灵敏,性格温顺,举止文雅,容易与人相处,容易训练;叫声小,爱撒娇,深得人们喜爱。

2. 暹罗猫

暹罗猫又名泰国猫,是短毛猫的代表,原产于暹罗(即现在的泰国),在200多年前,这种珍贵的猫只在泰国王宫和大寺院中饲养,是

暹罗猫

足不出户的秘密宝物。1884年,驻曼谷的英国领事在离任时,带了一对暹罗猫回国,立即受到英国许多爱猫者的重视,翌年,这种猫出现在普勒斯坦的展示会上,随即得到繁衍发展,到20世纪20年代就广泛流行起来。

暹罗猫身体为流线型,是比较优良的体态;脸呈"V"字形;眼睛两端上翘,成杏仁状,双眼澄清,呈宝蓝色;鼻梁高而挺直;两耳大而向前直立;四肢、尾巴均细长;体毛很细,紧贴身体,富有光泽,没有下层毛,躯干部位是奶油色的,随着年龄的增长,颜色逐渐变深。

暹罗猫爱清洁,动作敏捷,而且相当聪明,善解人意,喜欢与人为伴。它的叫声很独特,似乎是人在不停地说话,或像小孩的啼哭声,而且声音很大。

3. 喜马拉雅猫

喜马拉雅猫大约是20世纪30年代问世的,最初是波斯猫和暹罗猫的杂交品种,经过几代的选育发展成为稳定的品种。喜马拉雅猫的四肢肥短而直,身体很短,胸部深。它有强有力的圆顶状的头部,圆圆的脸颊和下颚,小耳朵和短鼻,还有圆滚滚的大眼睛,这些几乎都和波斯猫相似,但它的眼睛是蓝色

喜马拉雅猫

的。喜马拉雅猫被毛有点状斑纹,色度深浅对比明显而引人注目,有海豹点、巧克力点、蓝色点、丁香点、橙色点、玳瑁点和蓝奶油点7种,都很有观赏价值。喜马拉雅猫有独特的表情和动作,有着旺盛的食欲和健壮的体格,很容易饲养。

4. 索马里猫

索马里猫是由纯种的阿比西尼亚猫突变产生的长毛猫，再经过有计划的繁殖而形成的品种。索马里猫的长相基本上与阿比西尼亚猫相同，身材苗条优美，略圆；脸也是稍圆的楔子形；一对大耳朵，呈宽"V"字形；杏仁眼上方是黑色的眼皮；被毛

索马里猫

呈丛生状，还有长长的襟毛；尾巴似狐狸的尾巴。索马里猫的毛色有深红色和棕红色两种。体毛颜色较阿比西尼亚猫更为丰富，有十一二种之多。索马里猫的运动神经极为发达，动作十分敏捷。其性格温和，善解人意。

5. 布偶猫

布偶猫是由美国加利福尼亚州一群热心的饲养者培育出来的新品种，他们以白色的波斯猫和银灰色的巴曼猫生出的小猫，再与黑貂色的巴厘猫进行交配，并以此作为基础，混入喜马拉雅猫、美国短毛猫等血统。

布偶猫身材魁梧，身体较长，胸部宽阔，筋肉发达，脑袋大小适中，脸呈略圆的"V"字形，两耳之间的头顶部分平坦；体毛密生，有光泽，摸上去像丝一样。脸部的毛较短，从头顶到肩胛、背部的毛较长，胸前的饰毛更长，体毛不是紧贴身体而是直立起来。毛色不是很多，目前得到权威机构承认的有蓝色、海豹皮色、巧克力色和淡紫色四种。布偶猫虽然身大体胖，但是性格温和，有布娃娃般的可爱外表，喜欢被人抱。

布偶猫

6. 美国短毛猫

美国短毛猫

美国短毛猫又称美洲短毛虎纹猫，是由美国人把欧洲猫与美洲大陆的土种猫加以改良，从而育成的一个家猫品种。1971年，美国短毛猫被选为美国最好的猫种之一。美国短毛猫身强体壮，身体从中型到大型不等，脑袋为长方形，脖子粗壮，胸部浑圆，脊背平直，四肢发达，擅长跳跃。它的被毛柔软、厚实，但很短。其皮很厚，可以防寒、防雨，并可防外伤，仿佛是一件厚实的外套。其毛色有白色、黑色、斑纹等30种以上，其中最受欢迎的是在银白色的体毛间嵌有黑色条纹的银白虎纹猫。美国短毛猫有许多讨人喜欢的特点，它既强壮又灵活，性格随和，忠于主人，有发达的运动能力，十分聪明，有时很淘气，有时又很规矩。

7. 异国短毛猫

异国短毛猫又叫加菲猫。1960年左右，美国的育种专家将美国短毛猫和波斯猫进行交配繁育，期待改进美国猫的皮毛颜色并增加其体重，这样就诞生了异国短毛猫。在1966年被承认为新品种。在育种期间，它还和俄罗斯蓝猫及缅甸猫杂交。1987年以来，该品种的允许杂交品种被限定为波斯猫一种。该品种在美国已经非常普遍，在欧洲也在逐渐风行起来。异国短毛猫除拥有浓密皮毛外，还保留了波斯猫独特的可爱表情与

异国短毛猫

圆滚滚的体型。性格也如波斯猫般文静、亲切，能慰藉主人的心。其体形为中型到大型的短脚型，头部宽而圆，鼻子有明显的凹陷，皮毛有柔和的光泽，性情独立，不爱吵闹。

8. 英国短毛猫

英国短毛猫

英国短毛猫是由一对自古以来就栖息在英格兰的土著猫，经过血统管理而培育出来的品种。其脑袋宽而圆，脸颊鼓鼓的，鼻子短，眼睛大，脖子粗短，肩部宽而平，显得十分健壮；体毛短而稠密，紧贴皮肤，极富弹性，非常耐寒。其毛色约有15种，其中"不列颠蓝猫"最受爱猫者的青睐。

9. 苏格兰折耳猫

1961年，在瑞典斯德哥尔摩的一个农场里产下了一只雌猫，农场主人发现这只小猫的耳朵下垂、弯曲，尚未见到过，于是精心饲养。此猫长大后，又生出了两只耳朵同样弯曲的小猫，由此这种罕见的特性便遗传下来。1978年这种猫终于得到了权威机构的承认，成为一种珍贵的新品种。苏格兰折耳猫最大的特征便是那对弯曲的耳朵。其身体略胖，尾巴粗大，有一双惊人的大眼睛，鼻子稍宽，鼻梁挺直。苏格兰折耳猫的毛色很多，有巧克力色、薰衣草色、黑褐色、深蓝色、淡紫色等。因为其原产于寒冷

苏格兰折耳猫

的斯德哥尔摩,所以非常耐寒,曾被评为健康的猫种。

10. 俄罗斯蓝猫

俄罗斯蓝猫又叫俄国蓝,有"短毛猫中的贵族"之称,原产于斯堪的纳维亚,经英国人改良,育成现在的品种。俄罗斯蓝猫的骨骼较小,身体和四肢细长,脸较瘦削;耳朵很大,根宽端尖,犹如两个三角形。此猫全身是很鲜明的蓝色,毛的顶尖部分呈银色,看上去浑身闪着银光。由于其原产于俄罗斯,所以生着浓密的双层毛,在所有短毛猫中是最厚实的。和其他短毛猫不同的是,它的被毛不是紧贴身体而是直立着的。俄罗斯蓝猫性格沉稳安静,羞怯温和,却很机敏。

俄罗斯蓝猫

宠物猫常见疾病与意外防治

1. 猫的常见疾病与意外

猫的适应能力较强,但也避免不了面临疾病和意外。猫的常见疾病有:

(1)传染病:猫瘟热、传染性腹膜炎、流行性感冒、皮肤真菌病等。

(2)寄生虫病:弓形虫病、蛔虫病、疥螨病、跳蚤引起的疾病等。

(3)其他常见病:湿疹、感冒、中暑、肺炎、胃肠炎、胃毛球阻塞、口炎、肾炎等。

此外,猫性情活泼,好奇心重,还要防止触电、坠楼、窒息、灭鼠药中毒等意外的发生。

2. 注重日常观察，及时发现病症

关心猫的健康，需要时刻关注猫的精神状态和行为反应，及时发现异常，并请专业兽医师进行诊治。

在日常饲养中，可以从以下几点判断猫的健康状况。

（1）眼睛：眼眶红红的，有过多眼泪分泌，表示眼睛有炎症。

（2）鼻子：有明显鼻水流出，鼻水从清澈变成黄绿色，表示已经发展成慢性鼻炎，甚至会有带血的鼻脓分泌物。

（3）耳朵：翻开猫的耳朵检查，若发现大量黑色耳垢，可能是耳朵发炎或者耳螨感染，伴有甩头、瘙痒的行为表现。

（4）口腔：如果出现了口臭，那可能提示口腔炎症甚至内脏出现问题，如肾病。

（5）呼吸：如果猫呼吸过快，就要尽快向兽医询问。如果需要就诊，在这过程中要注意让猫安静放松。如果猫一天之内反复打喷嚏，甚至伴随眼泪和鼻涕，也要尽快就医。

（6）呕吐：猫舔毛过多会呕吐是正常现象，但如果猫每天都呕吐，就需要特别注意，这可能提示肠胃或者其他器官有炎症，要仔细观察猫呕吐的症状、次数、呕吐物形状、颜色等，把这些详情提供给兽医参考。

（7）排便：猫正常的粪便较硬、较短。如果食用湿粮或喝水以后，可能会排软便，也可能是拉肚子。如果拉肚子情况严重、有血便及呕吐时，会造成猫严重脱水，精神和食欲变差，提示急性肠胃炎、猫泛白细胞减少症、癌症等，严重时会危及猫的生命。如果粪便上面有面条样或米粒大小的虫，提示是蛔虫；粪便灰白色，同时有呕吐、食欲变差的症状，提示是肝病或胰腺炎；黑色焦油状下痢便，提示是胃和小肠的疾病。

（8）进食异常：猫原本是不爱喝水的动物，如果突然喝水量大大超过往常，就要注意是否有泌尿系统疾病发生。很多疾病都会导致猫的食欲下降，甚至不吃，如发现应特别注意。过度舔毛可能意味着猫患有过敏性皮炎、心理性过度舔毛等问题，要及时观察并排除症状。

（9）用肛门磨地面：猫用肛门摩擦地面时，有可能是因为寄生虫感染或是肛门腺发炎（也有可能是肛门周围皮肤病），有这样的情况一定要及时就诊确认病情，并驱虫消炎。

3. 人与猫共患病预防守则

人与猫之间共同传染的疾病较少，危害通常不大，如果能做到以下几点，具有良好的卫生观念和习惯便不足以为患。

（1）经常洗手，尤其是清理完猫砂以后。

（2）被猫咬伤、抓伤应及时用洗手液或肥皂清洗伤口，并及时就诊。

（3）免疫力低下的人要避免和病猫接触。

（4）保持家中环境整洁，减少寄生虫和细菌滋长的环境基础。

（5）适当使用除蚤剂、除蚤项圈。

（6）不要和猫过分亲热，尤其不要用嘴直接接触猫。

（7）减少猫去室外的机会。

（8）定期给猫驱虫、接种疫苗。

 正确对待流浪猫

在小区、校园等很多地方，都有流浪猫的身影。流浪猫产生的主要原因是家猫的走失、弃养，在野外不断地繁衍。流浪猫看上去楚楚可怜，于是有不少好心人定时定点为其提供食物，也许仅仅是剩饭剩菜，也许并不充足，但足以使流浪猫得以生存，其中就有不少老年人。

其实大量存在的流浪猫对城市起着一定的消极作用，最先受到影响的就是城市中的其他物种。有科学家对流浪猫的捕食习性进行研究，发现它们最喜欢的捕猎对象是哺乳动物，其次是鸟类、其他的脊椎动物，以及无脊椎动物。流浪猫比较喜欢捕食体重100～200克的动物，如麻雀、松鼠等。美国史密森尼候鸟研究中心的研究结果表明，猫在过去五百年时间里已经造成了63个物种的灭绝。而在我们身边的小区里,流浪猫会捕杀本地的野生鸟类,如白头鹎、珠颈斑鸠等。

其次,由于大部分的流浪猫都没有接种过疫苗,因此它们很容易感染上猫白血病、猫艾滋病及狂犬病等疾病,其中对于人类威胁最大的莫过于狂犬病。广东省中山市的一份统计报告就指出,该市由流浪猫引发的狂犬病例占到了全部病例的4.2%。虽然看上去并不是一个很高的比例,但这已经使猫成为狂犬病的第二大疫源和传播宿主。而且流浪猫爱钻草丛、垃圾堆,身上携带了大量细菌,还有跳蚤和寄生虫,如与它接触,也可能会传染到人的身上。

再次,有些爱猫人士并没选择将流浪猫带回家收养,而仅仅是定时定点送去食物,饲喂的剩菜剩饭或多余的猫粮随意丢弃在路面或草丛中,不及时清扫就会招引蚊蝇、老鼠,对环境卫生也会造成很大的影响。

对于流浪猫,我们该怎么正确对待它们呢?

（1）不要遗弃家猫,没有了遗弃,猫也就无须流浪。

（2）不要频繁投喂流浪猫,来自人类的食物源会使得流浪猫聚集在小范围区域内,导致流浪猫的繁殖速度增快,从而无法控制流浪猫的数量。

（3）有些机构会收留流浪猫,为其清洁,甚至为其打疫苗和做绝育手术,如果恰好想养猫,可以从这些机构领养,将其带回家好好爱护。

（4）要理解政府为控制流浪猫数量而采取的措施。

 互动学习

1. 选择题:

（1）加菲猫是美国短毛猫和（　　）杂交培育出来的品种。

　　A. 暹罗猫　　　　　　　　B. 波斯猫

　　C. 索马里猫　　　　　　　D. 苏格兰折耳猫

（2）猫的跳跃力强、好奇心重,因此养猫与养狗的区别在于需要特别注意（　　）。

　　A. 安全保障　　　　　　　B. 疾病预防

　　C. 外出遛行　　　　　　　D. 修爪及洗浴

（3）正确对待流浪猫的态度是（　　）。

　　A. 不遗弃家猫　　　　　　B. 不投喂流浪猫

　　C. 为流浪猫打疫苗和绝育　D. 以上都对

2. 判断题:

（1）猫是一种夜行动物,家猫也仍旧保持着昼伏夜出的习性。

　　　　　　　　　　　　　　　　　　　　　　（　　）

（2）长毛猫性格相对强硬,短毛猫的性格较温顺。　（　　）

（3）用手抓住猫的后脖子皮,猫缩成一团后能够迅速恢复原状的是健康的好猫。　　　　　　　　　　（　　）

（4）家养的宠物猫应定期修剪尖爪,一般3个月一次。　（　　）

（5）通过观察猫的精神与行为,可以判断猫的健康状况。（　　）

参考答案

1. 选择题:（1）B;（2）A;（3）D。

2. 判断题:（1）√;（2）×;（3）√;（4）×;（5）√。

图书在版编目（CIP）数据

老年人轻松养宠物 /夏欣主编. —北京 :科学出
版社, 2019.1
上海市老年教育普及教材
ISBN 978-7-03-057766-5

Ⅰ. ①老… Ⅱ. ①夏… Ⅲ. ①老年人—宠物—饲养管
理 Ⅳ. ①S865.3

中国版本图书馆CIP数据核字（2018）第125099号

老年人轻松养宠物
上海市学习型社会建设与终身教育促进委员会办公室
责任编辑 / 朱　灵

科 学 出 版 社 出版
北京东黄城根北街16号　　邮编：100717
www. sciencep. com
上海锦佳印刷有限公司印刷

开本 720 × 1000　B5　印张 6 3/4　字数 91 000
2019年1月第一版第一次印刷

ISBN 978-7-03-057766-5
定价：26.00元